3D DAYIN JISHU PEIXUN JIAOCHENG

3D打印技术培训教程

——3D增材制造（3D打印）技术原理及应用

3DZENGCAI ZHIZAO(3D DAYIN)JISHU YUANLI JI YINGYONG

/ 余振新　编著 /

U0386152

中山大学出版社
SUN YAT-SEN UNIVERSITY PRESS

·广州·

图书在版编目（CIP）数据

3D 打印技术培训教程：3D 增材制造（3D 打印）技术原理及应用/余振新
编著 . —广州：中山大学出版社，2016.8
ISBN 978 - 7 - 306 - 05757 - 0

Ⅰ.①3…　Ⅱ.①余…　Ⅲ.①立体印刷—印刷术—教材　Ⅳ.①TS853

中国版本图书馆 CIP 数据核字（2016）第 168650 号

出 版 人：徐　劲
策划编辑：钟永源
责任编辑：钟永源
封面设计：曾　斌
责任校对：杨文泉
责任技编：何雅涛
出版发行：中山大学出版社
电　　话：编辑部 020 - 84110283，84111996，84111997，84113349
　　　　　发行部 020 - 84111998，84111981，84111160
地　　址：广州市新港西路 135 号
邮　　编：510275　　传真：020 - 84036565
网　　址：http：//www. zsup. com. cn　E - mail：zdcbs@ mail. sysu. edu. cn
印 刷 者：广州市友盛彩印有限公司
规　　格：787mm×1092mm　　1/16　　10 印张　　185 千字
版次印次：2016 年 8 月第 1 版　　2022 年 6 月第 2 次印刷
印　　数：13001～14000 册　　定　　价：48.00 元

航空航天部原部长林宗棠（右三）在2013年12月—2014年3月，三次到广东中山访问，在"广东谱斯达光子科技有限公司"进行驻点调研3D技术产业。他向中央报告，受到中央领导高度重视。（右四为余振新教授）

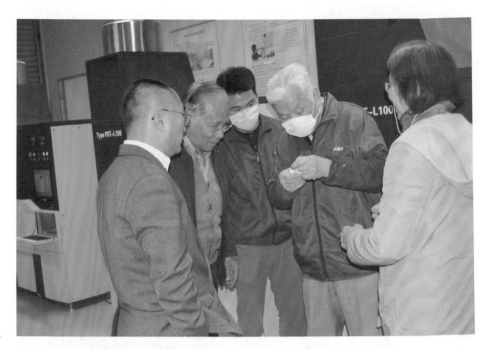

■ 林部长亲自操控 PST 3D 打印机制作结构精细的样板

■ 把 PST 制品与 EOS 制品进行 3D 打印质量比较

■ 林部长亲自操作余教授研制的 PST – ZA 型 3D 打印机，"每天 24 小时不间断地连续运
  行 30 天，机器没有任何故障。"

"激光快速成型机"的技术专利
（11项）证书

发 明 人：余振新（2013.8）

"激光快速成型机"的发明专利证书
（3项）

专利号：ZL 201310073375.6
专利号：ZL 201310153560.6
专利号：ZL 201310047368.9

"激光快速成型机"的
实用新型专利证书（8 项）

实用新型专利（8 项）

专利号：ZL 2013 2 0171551.5
专利号：ZL 2013 2 0068957.0
专利号：ZL 2013 2 0171596.2
专利号：ZL 2013 2 0224993.1
专利号：ZL 2013 2 0171624.0
专利号：ZL 2013 2 0171508.9
专利号：ZL 2013 2 0105066.8
专利号：ZL 2013 2 0171694.6

序

由于光、机、电、算、材等综合技术的提高，并经历了 20 多年应用探索所取得的进展，近年 3D 增材制造（俗称 3D 打印）掀起了全球性新兴技术产业热潮。被誉为引领新一轮工业革命的最具标志性的生产工具。

已经可以看见 3D 创新技术所展示的曙光：增材制造的原理和技术实施路径，几乎把衣、食、住、行，各种需求的生产均可实现；各类工业生产，诸如机械、电子、建筑、交通……所使用的传统设计、制作技术都将采用 3D 增材技术进行改造和革新。在涉及人类健康和生命延伸的医学领域，硬组织矫型外科以及软组织皮肤、细胞脏器重构等不断爆出激动人心的创新成果。

随着 3D 增材制造技术更进一步的提高和拓展，新的生产技术、新的工艺流程、新的工厂组织形式、新的材料供应链等都将面临深度调整。我国三部委（工业和信息化部、国家发展和改革委员会、财政部）已发出联合通知：《国家增材制造产业发展推进计划（2015—2016 年）》，将很快会解决 3D 技术设备的产业化问题。

3D 增材制造技术将会在各个领域登场。因此，必须为社会准备一批具有 3D 打印技术知识的新型劳动力，或对现有劳动力进行知识技能填补、革新。扩展基础教育、增广课外活动内容、加强劳动技能实践等，都是培养新型劳动力的有效措施。在一些先进的工业国家，大中小学都开设了 3D 增材制造技术课程，在课室里增设 3D 打印设备。正是考虑到这种广泛而紧迫的需求，余振新教授编写了这本《3D 打印技术培训教程》。

我们期盼，在国家三部委联合《通知》的推动下和教育改革的锐意响应下，中国在 3D 技术产业和 3D 创新教育领域都将在世界令人瞩目地崛起。

卢瑞华

2016.7.14

　　[卢瑞华　中共中央原委员、广东省原省长、中国国际经济交流中心（国务院智库）副理事长，中山大学博士生导师]

前　言

本教材作者在中山大学超快速激光光谱学国家重点实验室工作期间，从1992年起就已经关注在国际上出现的"激光快速成型"技术了。一直在理论和实践上跟踪这项后来被称为"3D打印"或"3D增材制造"的技术发展，并从多种技术路线上比较优劣、在实践中作出探索和选择。

三年前，一位德高望重的尖端工程技术界的老领导——中国航空航天部原部长林宗棠，以87岁的高龄，不辞劳苦，全国奔走呼吁："要重视3D创新，发展中国的3D技术。大力普及3D打印知识，要从娃娃抓起。"林宗棠部长是我国科技尖端工程的先驱：中国最早万吨水压机的制造者、高能正负电子对撞机的组织者和领导者、长征捆绑火箭设计制作的领导人、我国航天工程的开拓者、在互联网上被誉为"中国制造及中国创造的功臣"。他的前瞻性眼光和竭诚奔走呼吁，引起科技界、工程界、产业界的热烈响应。他在2013—2014年三次到广东省中山市"广东谱斯达光子科技有限公司"进行驻点调研，每次逗留三天，亲自操作3D机器，中午不休息去讨论研发和改进技术。林部长向中央写了《中国梦——3D创新》的调研报告，受到中央领导的高度重视。

我们有幸受到林宗棠部长的垂注，多次驻点调研，他不单从技术上严谨督导，而且在精神上给予巨大的鼓舞，勉励我们要努力搞出自己中国特色的东西，要以3D创新来丰富中国梦。对我们生产的3D打印机质量提出了五项严格的要求。非常有力地推动了我们的3D技术研发和产业化的工作。

林部长还倡议向全国中小学捐献小型桌面式3D打印机，大力向中小学生宣传普及。2014年5月他亲临现场，带头向著名的中山纪念中学赠送10台桌面式3D打印机及一台SLS型工业级激光快速成型机。

3D 打印技术被誉为继蒸汽机、电子计算机、互联网后又一大发明，推动新一轮工业革命。3D 打印技术获得社会的广泛关注，正是因为它的"无所不能"。

近来，工业界经常宣扬："中国制造 2025"、"美国再工业化构想"、"日本工业智能化"与"德国工业 4.0"，再加上欧盟发布的"3D 打印标准化路线图"等，都在证明 3D 打印已经成为全球先进制造业聚焦的前沿热点。中国制造逐步转型升级，由部署进入实操阶段，预示着中国由"制造大国"迈向"制造强国"的清晰萌动。而"中国制造"非常核心的一块将是增材制造、数字化制造，也就是 3D 打印。

李克强总理说："以信息技术与制造技术深度融合为特征的智能制造模式正在引发整个制造业的深刻变革。3D 打印是制造业有代表性的颠覆性技术，实现了制造从等材、减材到增材的重大转变，改变了传统制造的理念和模式，具有重大价值。"

2015 年 2 月 11 日，为落实国务院关于发展战略性新兴产业的决策部署，我国三部委（工业和信息化部、国家发展和改革委员会、财政部）联合发出通知：《国家增材制造产业发展推进计划（2015—2016 年）》，引起社会的广泛关注。

3D 增材制造技术将在各个领域登场，影响着各行各业。因此，必须为社会准备一批具有 3D 打印技术知识的新型劳动力，或对现有劳动力进行知识技能填补、革新。扩展基础教育、增设课外活动内容、加强劳动技能实践……都是培养新型劳动力的有效措施。正是考虑到这种广泛而紧迫的需求，我们编写了这本《3D 打印技术培训教程》。

这本教材的编写宗旨是：理论紧密联系实际，让大部分有愿望学习 3D 增材制作技术的人，能够轻松地进入这个举世瞩目的领域。

本教材的基本内容是以目前应用最为广泛、最有发展前景的 FDM 及 SLS 技术路线来解说 3D 增材制造的技术原理，以典型的适用于教学、个性制作、工业首版模型以及艺术设计的 3D 机器作为样机，详细讲解其操作步骤及具体应用。以利于学生深入理解3D打印原理和掌握其操作技能，在生产实际或个性制作上运作自如、举一反三。

我们谨以这本教材答谢一直关怀和大力支持鼓励我们进行3D创新工作的林宗棠部长。他的高瞻远瞩的激励和细致入微的督导，促使我们在纷繁的研发和生产工作中挤出时间来编写这本教材。为在我国发展3D创新事业添砖加瓦。

3D技术发展极其迅猛，本教材在短时间写就，必有许多遗漏和缺陷，请读者不吝斧正。我们将努力跟上国际发展步伐，在再版时以更充实的内容补正。

余振新
2015年7月1日于广州中山大学

目　　录

第一章　席卷全球的 3D 打印浪潮 / 001

一、3D 打印的发展简史 / 001

二、3D 打印与传统工业制造的比较 / 007

三、3D 打印产业发展的历史机遇 / 009

第二章　万能的机器 / 011

一、教育 / 011

二、工业领域——机械制造、模具、建筑、食品等 / 018

三、工艺美术设计 / 027

四、医学生物学应用 / 032

五、只有想不到，没有做不到的"万能机器" / 035

第三章　什么是 3D 打印 / 037

一、3D 打印技术的原理与各种技术路线 / 037

二、FDM（熔融层积技术）技术原理 / 038

三、SLS（选择性激光烧结成型）技术原理 / 039

四、SLA（光固化成型）技术原理 / 041

五、其他成型方法的技术原理 / 042

第四章　如何获得打印模型 / 044

一、使用三维画图软件去建立打印模型 / 044

二、使用 3D 扫描仪获得打印模型 / 048

三、通过网络获得打印模型 / 051

第五章　FDM 型 3D 打印机的使用 / 053

一、重要组件介绍 / 053

二、打印步骤 / 055

三、机器操作 / 056

（一）连接电源线，通电开机 / 056

（二）基础测试与调节，双击打开 pronterface. exe / 058

（三）选择打印模型，双击打开 pronterface. exe / 063

（四）脱盘及清理 / 067

第六章　SLS 型激光快速成型机的使用 / 069

一、使用步骤 / 070

（一）设备通电前的准备 / 070

（二）进行成型操作前的准备 / 071

（三）后面板的手动控制操作 / 071

（四）打印成型时的操作步骤 / 071

（五）暂停操作以及制作完成后的取出处理 / 073

二、安全注意事项 / 073

第七章　分层软件的使用 / 074

一、3D 分层软件"库拉"（Cura）的结构及使用 / 074

（一）Cura 的安装 / 074

（二）Cura 首次启动设置向导 / 077

（三）Cura 的主界面 / 080

（四）打印机各种参数的设置 / 080

（五）菜单栏 / 090

（六）Cura 打印操作 / 093

二、slic3r 分层软件的使用 / 097

（一）Plater（图形版面）/ 097

（二）Print Settings（打印设置）/ 098

（三）Filament Settings（细丝设置）/ 108

（四）Printer Settings（打印机设置）/ 110

三、PST－L100 系列 3D 打印机的分层软件 / 112

第八章　打印耗材塑料丝的生产及使用 / 114

一、塑料丝的生产知识 / 114

二、塑料丝的正确使用 / 120

三、激光烧结的高分子粉末及金属粉末的应用知识 / 121

第九章　一次完美的打印体验及机器的维护 / 123
　　一、FDM 型 3D 打印机的打印过程 / 123
　　二、SLS 型 3D 打印机的打印过程 / 127

第十章　3D 打印的广阔未来 / 133

后记 / 135

第一章

席卷全球的 3D 打印浪潮

"激光快速成型"（Laser Rapid Prototyping）技术诞生于 20 世纪 80 年代末，当时由于个人电脑的数据运算速度较慢，数据存贮量较小，激光设备昂贵和应用尚未普及，因此，没有引起社会的广泛关注。经过 20 多年的发展，各方面的条件改善了，终于在 21 世纪的头十年，昂首阔步地站上了时代的舞台。并以"3D 打印"和"3D 增材制造"的新名词亮相于世人眼前。但是，人们真正了解 3D 打印技术吗？大多数人对 3D 打印技术的理解还停留在一种模糊的、抽象的概念。要深究地问：它是一种新的生产力吗？它属于工业革命 3.0 还是 4.0？它是一种神奇的制造技术？……这些模糊概念背后的科技内容、产业动力……正是人们需要深入了解的，这才是解释 3D 打印之所以能够席卷全球的根本原因。本章将为读者展示 3D 打印技术的源起、发展、繁盛的全过程，展现 3D 打印技术与众不同的独特魅力。

一、3D 打印的发展简史

"3D 打印"更为恰当和正式的名字是"增材制造技术"（Additive Manufacturing），这是相对于传统工业的车、钳、刨、铣的"减材制造"而言的。这种技术的指导思想是逐层"打印"、堆叠成型。基于这种思想的技术都可以称为 3D 打印。

3D 打印的思想起源于 19 世纪，实现于 20 世纪，兴盛于 21 世纪。走到今天，3D 打印从思想发轫、技术探索、工程产业化……走过了一条漫长的发展之路。在 20 世纪末期，由于光/机/电一体化的发展以及电子计算机大数据快速处理技术的进步，使得 3D 打印技术思路转化为如虎添翼的实践，并取得日新月异的成果。

◎1984 年，Charles Hull 发明了把表述图像的数字资源打印成为三维立体模型的技术，这是第一次三维立体成型的思想得以实现。此后的 3D 打印技术都遵循这种原理，只是采用了不同的技术路线。

◎ 1986 年，Chuck Hull 发明了立体光刻工艺，利用紫外线照射把液态树脂固化成形，以此来制造物体，并获得了专利。这就是 SLA 技术的起源。随后，利用这种技术路线，他成立了 3D Systems 公司，并开发了第一台商用的 3D 打印机。时至今日，3D Systems 仍是 3D 打印的行业巨头，尤其是在工业级 3D 打印机方面。

◎ 1988 年，Scott Crump 发明了另外一种 3D 打印技术——熔融沉积成形（FDM），通过加热热塑性材料逐层黏结成型，如蜡、ABS、PLA、PC、PA、TPR、TPU、尼龙等材料。他成立的一家名为 Stratasys 的公司，目前也是 3D 打印行业巨头之一。

◎ 1989 年，C. R. Dechard 博士发明了选择性激光烧结技术（SLS），利用高强度激光将尼龙、蜡、ABS、陶瓷甚至金属等材料粉高温熔化烧结成型。这种技术是五种基本路线中唯一一个能实现金属粉末熔化成型的技术路线，因此，也成为现在各个 3D 打印公司的突破重点。

◎ 1993 年，麻省理工学院教授 EmanuaI Sachs 发明了三维打印技术（3DP），将金属、陶瓷的粉末通过黏合剂粘在一起。1995 年，麻省理工学院的毕业生 Jim Bredt 和 TimAnderson 修改了喷墨打印机方案，变为把约束溶剂挤压到粉末床，而不是把墨水挤压在纸张上的方案，随后创立了现代的三维打印企业 Z Corporation。

◎ 1996 年，3D Systems、Stratasys、Z Corporation 分别推出了型号为 Actua 2100、Genisys、2402 的三款 3D 打印机产品，第一次使用了"3D 打印机"的称谓。这个称谓是相对于当时已经非常成熟的 2D 打印机，即普通纸张打印机而言的，通过这个称谓使得这项技术能快速地被人们理解并接受。

◎ 2005 年，Z Corporation 推出了世界上第一台高精度彩色 3D 打印机 Spectrum 2510。同一年，英国巴恩大学的 Adrian Bowyer 发起了开源 3D 打印机项目 RepRap，目标是通过 3D 打印机本身，能够制造出另一台 3D 打印机。这个开源项目使得 3D 打印行业迎来了百花齐放的春天，3D 打印企业开始像雨后春笋般出现。

◎ 2008 年，第一个基于 RepRap 的 3D 打印机发布，代号为"Darwin"，它能够打印自身 50% 元件，体积仅一个箱子大小。

◎ 2010 年 11 月，第一台用巨型 3D 打印机打印出整个车身的轿车出现，它的所有外部组件都由 3D 打印制作完成，包括用 Dimension 3D 打印机和由 Stratasys 公司数字生产服务项目 RedEye on Demand 提供的 Fortus3D 成型系统制作完成的玻璃面板。

◎ 2011 年 8 月，世界上第一架 3D 打印飞机由英国南安普敦大学的工程师创建完成。

■ 图 1−1A　世界上第一架 3D 打印飞机

■ 图 1−1B　第一台 3D 打印自行车

◎ 2012 年 3 月，维也纳大学的研究人员宣布利用二光子平板印刷技术突破了 3D 打印的最小极限，展示了一辆长度不到 0.3mm 的赛车模型。7 月，比利时的 International Univers College Leuven 的一个研究组测试了一辆几乎完全由 3D 打印的小型赛车，其车速达到了 140 千米/小时。

◎ 2012 年 11 月，苏格兰科学家利用人体细胞首次用 3D 打印机打印出人造肝脏组织。

◎ 2012 年 12 月，美国分布式防御组织成功测试了 3D 打印的枪支弹夹。

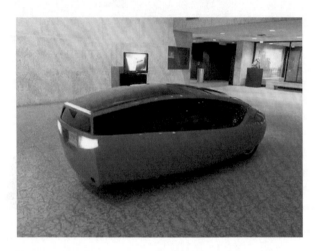

■ 图 1-1C　第一台 3D 打印的轿车

■ 图 1-1D　3D 打印的轻武器

◎ 2015 年 3 月，美国北卡罗来纳大学的几名研究人员在世界权威学术期刊《科学》杂志发表文章，阐述了一种改进的 3D 打印技术——CLIP 技术——利用每层图案作整幅投影去快速地令液态树脂固化的技术，与传统 3D 打印技术比，该技术的打印速度提高数十倍乃至一百倍。

■ 图 1-1E　3D 打印技术复制经典超级跑车 Shelby Cobra

■ 图 1-1F　美国 NASA 网站：中国用激光 3D 打印出的最大的钛合金整体结构件 5 平方米，美国目前还做不了

■ 图 1-1G　3D 打印的月球探险车模型

　　近几年，3D 打印不断获得新的突破，在各个行业挑战新的记录。第一件柔软的 3D 打印服饰，第一个 3D 打印器官，第一辆 3D 打印汽车，第一座 3D 打印建筑，第一把 3D 打印手枪，第一个 3D 打印蛋糕……越来越多的产品可

以用3D打印制造出来，3D打印和人们越走越近，它正在改变人类的生活。

二、3D打印与传统工业制造的比较

18世纪中后期，一场工业革命使资本主义生产从手工作坊向机器大工业过渡，经过两个多世纪的发展，机器大工业逐步完善，日渐发达。而在20世纪末，出现了一种新的制造方式，称为增材制造，在学术上更多人称之为快速制造技术，这种制造方式与传统制造方式截然不同。传统制造方式是一种减材制造，即在一整块的材料上通过车、刨、钻、切、削……去除不需要的部分以形成特定的形状。这种制造方式其实就是一种工业化的"雕刻"。而增材制造的思想是逐层打印，堆叠成型。两者的思路不同，实现方式不同，那么孰优孰劣呢？我们将通过以下几个方面来对比这两种生产方式。

1. 实现极其复杂构件的快速设计

在一个产品开发出来之后，批量生产之前必须要经过开模的步骤。开模采用传统的数控切刨钻磨等工艺过程就是属于减材制作模式。这种模式已经发展得相当成熟，可以用于制造各种材料、各种用途、各种形状的零件或装置。

可以说，我们现在这个工业社会就是用减材制造技术为基础搭建起来的。这种技术最大的优势就是可以实现各种金属材料的加工，这是现阶段的3D打印难以大规模实现的。但是，普通数控技术目前无法加工的复杂形状，必须分解为多个局部部件，成型后再楔合叠积起来，整个过程对工程人员的技术要求十分高。

而目前3D打印技术还不能大量实现制品的直接使用，应用的材料也受到比较大的制约。塑料、树脂、陶瓷等是比较容易实现3D打印的材料，而在工业上使用最多的各种金属零件至今仍未能大量通过3D打印来直接制造。一般来说，3D打印制作出来的手板尚不能作为功能件安装测试。这是目前3D打印未能大规模取代传统制造技术的主要原因。尽管如此，即使仅仅用于手板模型制作，3D打印也因其快速、精确、一次成型复杂器件等特点完全优胜于传统加工方式。

在无须作功能测试时，例如各种医学模型、建筑模型等，3D打印技术的可实现性是无可比拟的优越的。在这短短的几年间，全球兴起了3D打印的研究热潮，技术瓶颈不断地被攻破，3D打印已经不仅能作为测试件使用，也逐步可以作为功能件使用了。未来，3D 打印的发展将是向更多领域、更快速度、更实用材料发展，能实现更多的工业需求和社会生活应用。

2. 经济性、效率性

经济性和效率性在制造业领域总是密切相关的，3D 打印主要通过高效率来产生经济优势。目前，市面上的 3D 打印机价格为几千元到几十万元不等，一般的 3D 打印制品售价是几元/克，这个价格对于一般的消费者来说无疑是昂贵的。但是对于工业开发设计者来说，这却是物美价廉的一种选择。在设计一种新产品时，需要经历设计、开模、批量制造等过程，一般来说，设计图不可能一次性达到预定要求，通常开模回来之后发现问题，还要修改设计图，再去开模，如此反复，直到达到设计目标。这样一来，获得一个成熟的产品设计需要花费大量的人力、物力，这是十分不经济的。而使用 3D 打印机效率将会大大提高，从设计图转化为真实模型往往只需要几个小时或十几个小时就可以完成。这中间节省下来的时间和人力物力就足够抢占市场了，其产生的效益不言而喻。

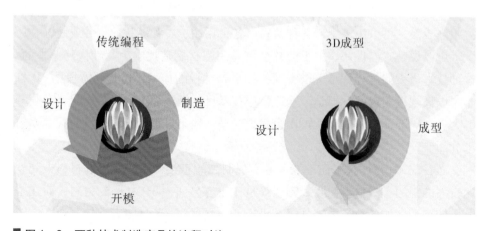

■ 图 1-2　两种技术制造产品的流程对比

3. 材料的利用率

几乎 100% 的材料利用率也是 3D 打印产生经济效益的方式。这是因为这种方式需要什么形状就打印什么形状，不产生废料，是一种更加环保节能的生产方式。而对于使用减材制造方式而言，制造零件时常会出现零件用料 10%，而产生的废料占 90% 的情况。如此，废料的费用就被转嫁到零件中，使零件的成品价大大提高。如果使用 3D 打印，就能把剩下的 90% 的废料也物尽其用，由此生产成本降低，产品价格下降，利润上升了。所以，无论从环保节能还是经济效益来说，3D 打印都是一种充满无限潜力的技术。

三、3D 打印产业发展的历史机遇

1984 年 3D 打印技术诞生，直到 20 年后才开始被社会广泛认识。在这 20 多年的发展过程中，3D 打印不断克服技术瓶颈，在打印设备、打印材料上越来越向实用化靠拢。同时，工业技术的发展也带给 3D 打印更多的发挥空间。3D 打印技术的进步和工业技术的进步使 3D 打印开始从实验室走向生产应用。而习惯于传统制造技术的人们突然发现了这样一种新型的制造技术，就像发现了新大陆一样，对其充满信心。2012 年，3D 打印成为科技界的热点。同年 4 月，英国著名杂志《经济学人》报道称 "3D 打印将推动第三次工业革命"。而著名科技杂志《连线》十月刊则将《3D 打印机改变世界》作为封面报道。不管是中国还是其他国家，3D 打印企业就像雨后春笋一样出现，各个省市 3D 打印联盟不计其数，3D 打印展会也从年头排到年尾。可以说，这个时期是 3D 打印技术推动的一波世界性工业浪潮。2013 年，美国总统奥巴马在国情咨文中强调了 3D 打印技术的重要性，"3D 打印将为几乎所有产品的制造方式带来革命性变化"。宣布成立 15 个创新制造中心，投入逾十亿美元，专门成立增材制造研发机构，去推动 3D 打印业的发展。3D 打印成为美国第一个被政府扶持的产业。中国真正开始 3D 打印产业化大概要比美国、德国、日本晚十年，这就导致了现在这个产业格局中，中国处于基础薄弱的地位。但是近几年，国家越来越重视 3D 打印，开始着力推动 3D 技术创新的发展。同样在 2013 年，习近平主席在全国政协第十二届第一次会议中对科技界强调了 3D 打印对于制造业甚至当今世界的影响，说 "可以预见，随着 3D 打印技术规模产业化，传统的工艺流程、生产线、工厂模式、产业链组合，都将面临深度调整"。李克强总理说："以信息技术与制造技术深度融合为特征的智能制造模式正在引发整个制造业的深刻变革。3D 打印是制造业有代表性的颠覆性技术，实现了制造从等材、减材到增材的重大转变，改变了传统制造的理念和模式，具有重大价值"。2015 年，国家三部委联合发文《国家增材制造产业发展推进计划（2015—2016 年）》（以下简称《计划》），该《计划》提出明确目标，到 2016

年，初步建立较为完善的增材制造产业体系，整体技术水平保持与国际同步，在航空航天等直接制造领域达到国际先进水平，在国际市场上占有较大的市场份额。中国目前面临发展 3D 技术产业的良好机遇。该《计划》要求：

（1）产业化取得重大进展。增材制造产业销售收入实现快速增长，年均增长速度 30% 以上。进一步夯实技术基础，形成 2～3 家具有较强国际竞争力的增材制造企业。

（2）技术水平明显提高。部分增材制造工艺装备达到国际先进水平，初步掌握增材制造专用材料、工艺软件及关键零部件等重要环节关键核心技术。研发一批自主装备、核心器件及成形材料。

（3）行业应用显著深化。增材制造成为航空航天等高端装备制造及修复领域的重要技术手段，初步成为产品研发设计、创新创意及个性化产品的实现手段以及新药研发、临床诊断与治疗的工具。在全国形成一批应用示范中心或基地。

（4）研究建立支撑体系。成立增材制造行业协会，加强对增材制造技术未来发展中可能出现的一些如安全、伦理等方面问题的研究。建立 5～6 家增材制造技术创新中心，完善扶持政策，形成较为完善的产业标准体系。开始从政策上、财政上扶持、推动 3D 打印。

为此，国家将给予强有力的政策措施支持，加大财税支持力度，加强人才培养和引进，扩大国际交流合作等。这表明了中国政府在 3D 打印技术发展方面的重视。

除了中美两大国家外，其他国家也纷纷出台了相关的政策来推动 3D 打印的发展。在德国、以色列等国家 3D 打印技术也走在了世界的前列。可以说不管是研究者还是政府都十分看好这项技术，把握着这项技术的尖端，就像抓住了创造未来世界的法宝。3D 打印正经历着最美好的青春，等到了最好的历史机遇。

第二章

万能的机器

当一种新设备被研发成功时，人们必然通过检验它的实用性来衡量其价值。一项具备实用性，可以创造价值的设备会迅速被社会接受，继而获得更大的发展。我们现在这个科技先进的社会就是这样发展起来的。3D 打印作为一种推动第三次工业革命的技术，受到社会的广泛关注，获得迅速发展，正是因为它的无所不能。若要问 3D 打印能做什么，不如问 3D 打印不能做什么。

一、教 育

在大、中、小学及职业技术类学校中，模型辅助教学手段，对展示原理，解释问题，都会产生良好效果，对启发智力，鼓励创新思维，都将大有裨益。

在科学教育与研究探索中，无论数学、物理、化学、天文、地理、生物，都有大量的需要展示的复杂空间构型，便于描述、深入考察和探讨。这对研究工作是大有好处的。

目前美国几乎所有的大、中、小学都开设了 3D 打印课程，在中、小学课室和课外活动场所都设置有 3D 打印机。旨在培养青少年的创新意识和应用技能。在我国，不少学校也已经开设了 3D 打印课程。2014 年 1 月，前航空航天部林宗棠部长在全国特别是在广东谱斯达光子科技公司驻点调研后向中央写了调研报告，建议：3D 打印技术要从娃娃抓起，在全国青少年中播种十万颗 3D 打印创新种子。该建议得到中央批示，随后成立了中国 3D 打印创新培育工程组委会，贯彻落实这一科技培育任务。中国 3D 打印创新教育培育俱乐部计划向每个省 200 所学校捐献 2 ~ 10 台 3D 打印机。这项计划的开展是为了实现大、中、小学都开展 3D 技术知识教育，充实社会新的劳动力，以适应未来的工业变革的愿景。

■ 图2-1a　3D课堂教学

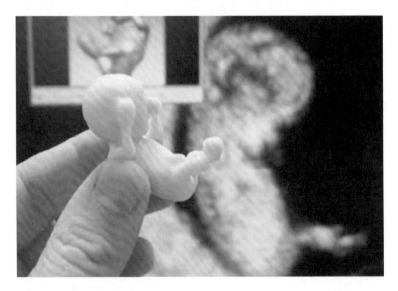

■ 图2-1b　医学院模型教学

▌图2-1c　船舶制造

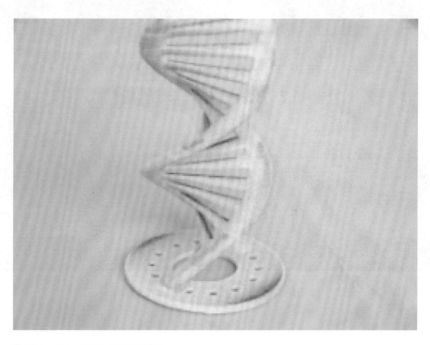

▌图2-1d　DNA 双螺旋结构

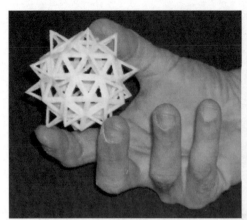

■ 图2－1e　数学教育：复杂的空间几何构型

■ 图2-1f 数学教育：复杂的空间几何构型

　　3D打印进学校是一项新增的教育计划，使学生从小接触并使用高新技术。对于小学生，他们的学习程度还不足以自己绘制图形或者操作机器，因此在这个阶段，3D打印的主要使用者是老师。针对小学生对平面图案转化为立体图案，抽象概念转化为具体形象的困难，老师们可以通过3D打印出所需要的模型，帮助小学生学习和理解，并在这个阶段开始让小学生了解3D打印，了解科技的力量。而对于中学生，他们开始接受实验实践教育，可以开始动手操作机器，把一些他们获得的模型打印出来。到了大学时期，大学生就开始进行创造性的劳动，他们会自己设计图纸并将其打印出来，这对于实现他们的想象力无疑是有巨大助益的。这个教育阶段，学生一步步了解3D打印，一步步使用3D打印，他们的实践能力、创造能力也一步步得到提升。

■ 图2-2 3D打印走进校园（前航空航天部林宗棠部长倡议向中山纪念中学捐赠3D打印机）

■ 图2-3 香港中文大学机械与自动化工程系很早就引进3D技术教育

■ 图2-4 把复杂的航空器架构及空气动力学原理的课堂教学用3D辅助模型
　　　　讲解，生动易懂

作为一个例子，香港中文大学很早就引进 3D 技术教育。该校机械与自动化工程系为发展学生的求知欲，将 3D 打印技术纳入其课程中，把 3D 打印技术从原来的演示逐步扩展到建立工程原型和创建新设备等领域。其课程架构是讲授产品设计和材料使用，让学生有机会测试他们自己设计的模型。使用打印机来制作教辅工具，通过 3D 打印机，学生们能更容易理解和掌握复杂的理论、力学结构及组件的整体运行等方面的知识。他们的 3D 打印系统除主要用于教学辅助外，还用于原型设计、研发以及商用试验，等等。他们认为：3D 打印技术正改变着传统的工程教学与研发方式。

二、工业领域——机械制造、模具、建筑、食品等

工业是 3D 打印最大的用武之地，在机械制造、模具、建筑、食品等行业都开始探索使用 3D 打印来提高效率、降低成本。

1. 机械制造、模具

3D 打印由于能够快速一体成型、精度高、适用于非标准件的成型等特点，而被机械制造行业所青睐。在机械制造行业常常需要使用一些非标准件，这种零件不可能从别的厂家直接买到，只能开模制造。但是，这种零件通常每次只用一个，有时候只用一次。为了这一个零件的一次使用，他们往往要付出极高的费用，等待好几个月的时间。这种情况在开发新产品的时候也会遇到。在工业上，如果想要开发一种新的产品，必然要开模试产。企业把设计好的产品图纸交给模具厂开模，一段时间后把模具拿回来试用。极少情况是能一次制模成功而无须改动的；更多的情况是，企业还需调整设计图纸，获得更好的效果，因此又要重新开模，重新试产……这样一来，上一次开模的费用就白花了。而且开模的时间占据了产品开发时间的大部分，开模耗时越久，产品开发周期也就越长。这个过程多次重复，将大大增加设计成本和时间，对企业来说是极大的负担。这种问题在企业中十分常见，是非常头痛的难题。但是，随着 3D 打印的技术日趋成熟、应用日渐广泛，用该技术制作出的零部件更加精细化，上述问题也得到了有效解决。原先开一个模就要花几十万元，而且一等就是几个月，用 3D 打印只需要两三天就做出来了，其价格仅为几千元。有远见的企业家更是直接用一万几千元购买一台 3D 打印机，这样就可以随时随地打印所需的零件，进一步缩短打印时间和打印成本。

■图2-5 用3D打印一次制作出结构十分复杂的机械构件的模具

■图2-6 世界首架3D打印喷气动力飞机试飞成功

目前，国际上将3D打印技术用于机械制造行业已相当普遍，其优势在于缩短制作周期、降低制作成本。此外，随着3D成型技术的不断提升，用于打印的材料也从单一的塑料、树脂发展到钛合金、陶瓷等，呈多元化发展，这也为其在机械制造行业的应用提供了更多的支撑。

■图2-7　全球首架全部用3D打印的飞机Thor（雷神）—2015.11

2. 建筑业

如果说 3D 打印可以用于建筑行业，人们首先能想到的就是使用 3D 打印机来打印房屋模型。但实际上，打印房屋模型对于 3D 打印机来说是小菜一碟，现在房屋的 3D 打印已经进入了实用化环节，即直接打印可居住的房屋。2014 年，上海出现了第一批实用化的 3D 打印房屋。这些房屋使用建筑废料作为建筑材料，用 3D 打印机取代建筑工人的工作，24 小时内就可以打印十间 20 平方米的小房子。不需要工人，不需要砖瓦，只需要一台 3D 打印机和足够的建筑废料，睡一觉起来，设计的房屋就建好了。

■ 图 2-8　3D 打印建造一批简易的可移动的短期工地住房

■ 图2-9 3D打印的别墅亮相苏州，一层楼房打印只需一天

3D 打印房屋出现后引起了广泛的关注，也引发了人们对于这种房屋安全性的讨论。之后不久，这家企业再次创新打印的不再是一层的简单的房屋，而是 15 米高的住宅楼房（地下 1 层地上 5 层）和全球首个带内装、外装一体化的 3D 打印 "1100 平方米精装别墅"。此举再次证明了 3D 打印有能力打印出适合人类居住的房屋。

■ 图 2-10　房屋 3D 打印技术项目——"轮廓工艺"的工程结构原理

据报道，美国南加州大学的3D打印技术项目——"轮廓工艺"，其实就是一个超级打印机器人，它是一台悬停于建筑物之上的桥式起重机，两边是轨道，而中间的横梁则是"打印头"，横梁可以前后左右上下移动，进行X轴和Y轴以及Z轴的打印工作，目前已可以用水泥混凝土为材料，按照设计图用3D打印机喷嘴喷出高密度、高性能混凝土，逐层打印出墙壁和隔间、装饰等，再用机械手臂完成整座房子的基本架构。全程由电脑程序操控，按顺序一层层地将房子打印出来。工作速度非常快，24小时之内能打印出一栋两层楼高、232平方米的房子。

人类的太空梦：就地取材批量打印外星屋。"轮廓工艺"技术不仅仅被局限在地球使用，还可以运用于外太空。据联合国估计，2050年全球人口将达到史无前例的96亿人，地球居住空间将更为拥挤，荷兰非营利组织"火星一号"从20万报名者中挑出1058人，参加移民火星训练，预计将挑选出24位移民者，2024年分成6个梯次依序升空到火星居住。而人类未来若要移居其他星球，解决住宅问题可谓首要任务。

3. 食品加工业

2015年2月，荷兰最大的连锁超市集团Albert Heijn把一台3D食品打印机放在了旗下新开张XL级超市的甜点部里。该超市使用3D打印机现场制作各种复杂的巧克力制品，获得了顾客的一致好评。在欧洲，人口老龄化现象日益严重，为了应对这个问题，研究团队正在开发一条流水线来生产针对虚弱者和老年人的个性化食品，旨在改善老年人的生活质量。

他们发现3D打印拥有诸多优势。层层打印这种方式可以将食物构造出多种形状，还可以在食物中添加蛋白质、维生素和一些矿物质，通过调整食物的热量或大小，来预防老年人的营养不良。同样对3D打印食品寄予厚望的还有美国军队。美国国防部食品安全管理处已在积极研究使用3D打印机为士兵制作食物的方法，打印出的食物有很好的营养供给针对性，或将提高士兵"生活质量"。更有甚者，据说有计划把食品3D打印机搬到潜艇和航天器上，以便丰富潜航员、宇航员的生活。

人类的太空梦：美国航空航天局正在资助一项3D打印食品技术的研究，用于研究"全功能"食物3D打印机。要以新的方式来生产营养食品，并可在一个漫长的火星任务中进行储存。这项技术用于保证宇航员在太空行程中可以打印出自己喜欢的食品。打印机可存放粉末状原料，在打印过程中加入液体并将食物挤出。目前，他们已经可以打印出面条、火鸡面包、罗勒酱和蛋糕。虽然打印出的食物可以有千奇百怪的造型，但是宇航员们还是希望能够打印出不同味道的食品。

■ 图2-11　点心食品的现场3D打印

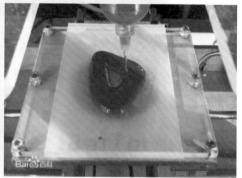

■ 图 2-12　3D 打印制作随意设计的各式花样的巧克力、蛋糕

三、工艺美术设计

在工业美术设计、服装设计及个性装饰制品设计等领域，3D 打印可以说无一不精。3D 打印的出现使人们创意的实现变得简单轻松，只要能想出来的工艺品，只要能设计出来的服饰，3D 打印都可以做出来。

以往提到 3D 打印的服饰，在人们的印象中总是盔甲般的质感，既不美观，也不舒适。但是随着 3D 打印材料的发展，现在已经有设计师制造出了柔软舒适、随风飘动的裙子；也有了根据个人不同脚型设计的舒适配脚的鞋子，更重要的是这种技术能快速精确地实现设计师的想法并容易实现个性化的个人量身定制的服饰。

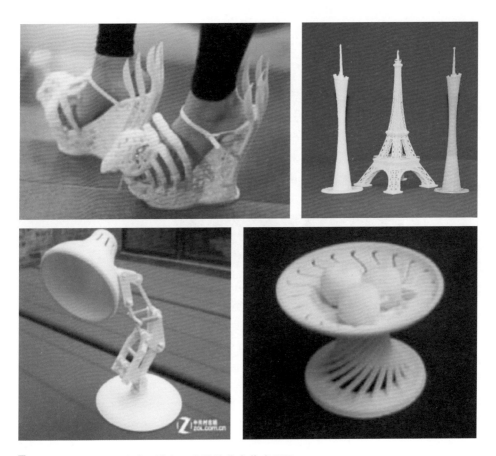

▌图 2-13　随心所欲地设计自己喜爱的艺术花式用品

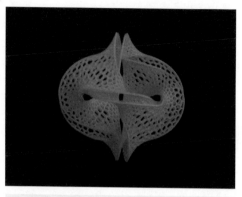

图2-14　3D打印出自然界都没有出现过的空间复杂构形

■ 图 2-15　3D 打印的长裙可自由摇曳

3D打印人像：许多年前，照相机尚未普及的时候，人们在重要的节日总喜欢去照相馆留影纪念。现在照相变成了随时随地、轻而易举的事情。目前的3D打印机也正在走着类似这样的一条道路。在不少大城市的繁华商圈，出现了一些造像馆。这种造像馆仿如"立体照相馆"，能提供人像的制作，就如同把二维的平面照片中的人像捏成三维立体的雕塑像一般。

■ 图2-16　人物群像的3D打印

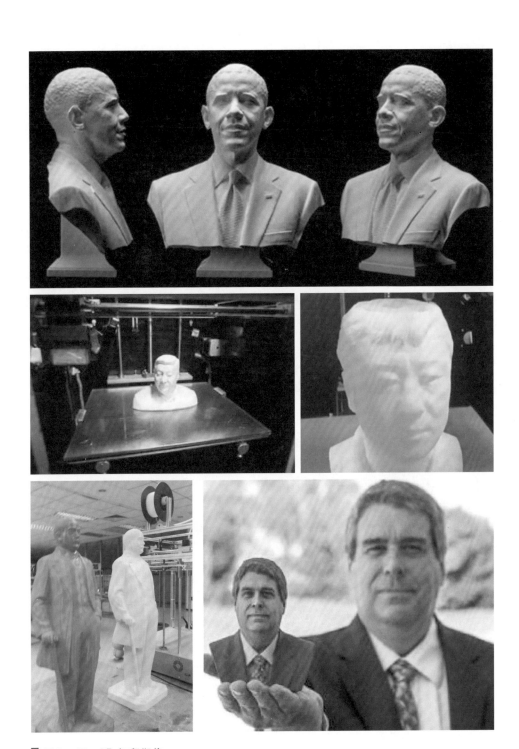

■ 图2－17　3D打印塑像

打印一个小小的自己的塑像逐渐成为新的时尚。将来，在家里设置一台3D 打印机，每个人随时随地、轻而易举就可以复制自己，也可以随时设计自己的个性化小饰品、小物件，每个人都拥有独一无二的专属物品。这就是个性化的更高追求。

在其他创新设计领域，3D 打印同样备受青睐。拥有一台 3D 打印机就像拥有了一支神奇的画笔，能画出心中所想，实现各式各样的创意。

四、医学生物学应用

3D 打印在医学生物学的应用潜力无限，目前正是该领域开展科研攻坚的重要时期。医学上常常使用 CT、MGI、B 超等仪器来获知人体内部的情况，这些医学仪器获得的数据常常可以直接输入 3D 打印机中，把人体内部的情况立体化地呈现出来，为医生的手术分析提供极大的便利，降低手术的风险。而目前已经进入实用化的 3D 打印医疗方案是假肢制作及矫形外科应用领域。国际上许多医院已经开始使用 3D 打印机打印符合患者本身情况的假肢或者人工夹板和修补损坏了的骨骼，为患者提供最适用的治疗方式。在牙医领域，3D 打印将提供一种新的治疗模式，医生可以和患者一起讨论牙模的形状结构，选择最符合患者愿望的修、补、填、植牙方案。随着 3D 打印技术的发展，已经出现了跟人体无排斥，可在人体内长期存放的材料。这种材料常常用来制作骨头取代物。例如患者由于车祸等原因造成脸部骨头碎裂，需要使用替代物取代原来的脸骨，这个时候就可以使用 3D 打印出与患者原来脸骨相似的替代物，最大程度地保持原样貌不变，并实现脸部的基本功能。

目前，世界很多医疗单位都在进行人体细胞、骨骼、器官等的 3D 打印研究。一旦这项技术成熟，困扰人类的器官移植的难题将得到解决。使用患者本人的细胞打印出移植的器官将没有排异的风险，也解决了目前大部分的器官移植需求得不到满足的现状，直接地减少了器官领域的犯罪行为。近几年，这个领域不断有新的突破。据报道，医生已经可以使用 3D 打印出与人类真实肺部有相同触感、结构的仿生肺部。这种肺部连血管的位置都准确模拟，血管中也有血液流动。因此，这种肺部为医学生的学习提供了极大的便利，提高了医学生的实操水平。美国医学研究人员使用 PLA 打印出器官支架，能和活细胞结合生成一段活的气管。该气管具有足够的刚性和柔性，以满足人的一般活动强度。该团队使用两台打印机，一台负责打印 PLA 支架，一台负责打印"生物墨水"。细胞可以在3D打印过程中存活，并能够继续分裂和产生最终形成软骨的细胞外基质。换言之，它们会像气管软骨一样生长。据说，有研究团队已研发出DNA水凝胶，该材料成功地应用于活细胞的3D打印，使得3D打印活体器官又向前迈出了一大步。人们期盼：3D打印可移植器官的技术难题不断被突破，不久的将来器官移植领域的面貌将会出现激动人心的改变。

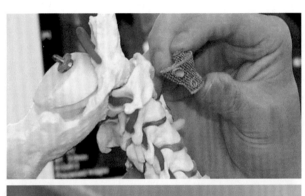

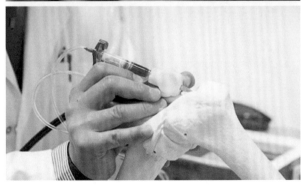

▌图2-18　3D打印用于临床手术预案研讨

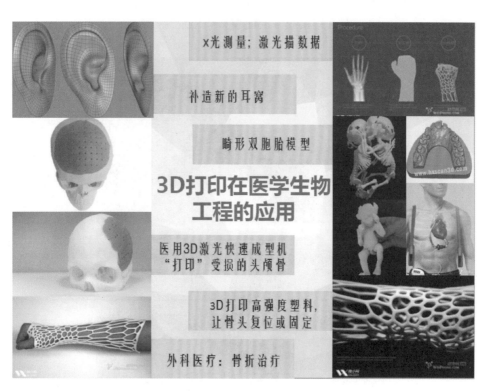

■ 图 2-19　3D 打印在医疗上的各种应用

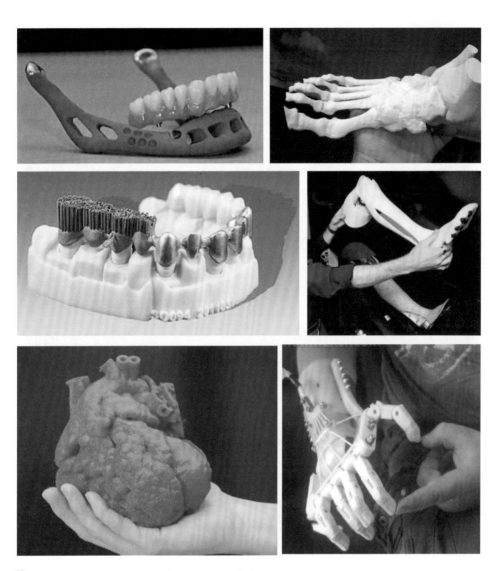

■ 图2-20 3D打印用于牙科/骨科/矫形外科

五、只有想不到，没有做不到的"万能机器"

如果你要问3D打印能做什么，那不如问3D打印不能做什么。3D打印能应用于生产生活的方方面面，因此，在3D行业内流行一句话："只有你想不到的，没有它做不到的。"3D打印机是一台实现人类想象的万能机器，使人类的想象不再受到限制。尽管目前还有很多技术问题还没有解决，应用方案还没有成熟，但原则上，这样的表述是基本靠谱的。因为人类的脚步也不会停止。3D 打印机总有一天会实现"世界一手打造"的目标。家里拥有一台 3D 打印机，衣食住行全解决，你可以变身手艺精湛的服装设计师、厨艺出众的大厨、灵感不断的室内设计师，或者开着一辆 3D 打印的酷炫跑车环游世界。这是人们对未来的憧憬，但并非虚幻奢望。

第三章

什么是 3D 打印

一、3D 打印技术的原理与各种技术路线

3D 打印技术在学术上更多地被称为快速成型技术（Rapid Prototyping RP），是 20 世纪 80 年代萌发起来的新形制造技术。由美国 3D System 公司推出的首款商业化快速成型机开启了快速成型工业的历史。3D 打印技术目前可分为五个类别：光固化成型（SLA）、叠层实体制造（LOM）、三维黏结技术（3DP）、熔融层积技术（FDM）、选择性激光烧结成型（SLS）。这五个技术路线中，光固化成型、选择性激光烧结及熔融沉积成型发展势头良好，不断取得新的突破，成为了行业内广泛采用的技术路线。而熔融层积技术（FDM）近年获得更为广泛的发展，尤其普遍推广于大、中、小学教育和一般工艺美术设计领域。三维黏结技术和叠层实体制造这两种技术路线基本上没有进入实用化，研究者也逐渐减少了。

虽然技术路线不同，但是快速成型技术的基本思路是一致的，都是将三维实体离散成二维层片，完成二维打印后叠加形成三维实体。这种制造方式将三维制件转化为简单的二维单元，完全不同于传统制造方式，不需要制作模具，大大减少了设计周期，很好地满足了不同客户的独特需求。

由于熔融沉积及选择性激光烧结的成型方法，性价比高及可以制作非标功能件，直接逼近实际使用。所以，本教程将侧重讲述这两方面的具体内容。

快速成型技术主要包括以下四个过程：

1. 建立三维模型

目前的快速成型技术首先要通过三维画图软件或 3D 扫描仪等方式先构建三维模型。只有三维模型才能被打印。随着 3D 打印技术的发展，相关的三维

绘图软件逐渐丰富起来，甚至出现可以利用平面照片转化成立体模型的软件。有些构形轮廓不规则，需要对三维图形进行加工，例如添加支撑柱以保证打印顺利进行。通常三维模型采用＊.STL格式存储，以便进行下一步的分层。

2. 三维图形的分层切片处理

把已经绘制成型的三维模型，按Z轴竖直摆放，然后采用分层软件把其切成二维层片，切割的平面与高度Z方向垂直。所选择的切片厚度是影响制件质量及成型时间的重要因素。由于3D打印为逐层叠加制造，在实际加工时不会按模拟的连续曲线制造，而是采用小台阶式的离散数据取代连续的轮廓线，就像用多边形无限趋近圆形一样。因此，厚度越小"台阶效应"越不明显，精度越高。但是切片厚度也不是越薄越好，厚度太薄，会大大增加成型难度和成型时间。切片厚度也需要根据不同机型和制件来调整。而厚度的精准度取决于分层软件的性能优劣和3D打印设备的精度。

3. 逐层叠积打印成型

分层完成之后，系统将根据各层的高度Z位置，按照切片获得的二维平面图形进行打印，每层的厚度由分层时设定。每打印完一层，成型平面相对于成形喷丝头下降一层，然后继续执行下一层打印，以此类推。在该过程中，选择合适的技术参数（诸如温度、速度、填充密度等）才能确保层与层之间粘连良好，即可保证叠加成型。

4. 工件后处理

成型完成后，制件表面可能存在若干缺陷，例如，由材料本身的胀缩导致的小许形变或应力产生的问题以及由于机械精度原因导致表面的不光洁问题等。一般采用打磨、浸喷树脂、瞬时高温气流、溶剂蒸气等处理方式解决。

二、FDM（熔融层积技术）技术原理

目前，市面上的3D打印机比较常见而受广泛采用的是FDM的技术路线。该技术路线精度较高，价格较低，对设备、材料、环境的要求都不太高，适用性较广，成为各个行业的首选3D打印机。这种类型机器的成型尺寸可根据客户需要定制，机器的价格根据成型尺寸的大小而定，从几千元到几万元不等，选择性较大。相对其他机型，这种机型简单易学，维护轻松，降低了 3D 打印机的使用门槛。

该方法使用的是丝状材料、蜡、塑料、低熔点合金丝等，但主流材料是 PLA 或 ABS 等高分子复合材料丝，泛称为塑料丝。这些材料污染小，可回收。其 3D 打印原理是：塑料丝经齿轮带动进入到高温加热的喷丝头中，喷丝头（或平台）根据打印模型分层后形成的二维图案的形状作 x－y 平面运动，把熔融的材料涂覆在工作台上，冷却后形成工件的一层截面；一层成形后，平台下移（或喷头上移）一层高度，进行下一层涂覆，这样逐层堆积便可最终形成三维工件。

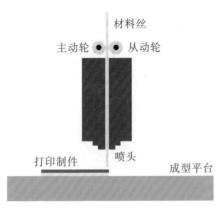

图 3－1　熔融层积技术 FDM 原理

三、SLS（选择性激光烧结成型）技术原理

SLS 技术是典型的快速成型技术，采用激光加热烧结固体粉末材料成型的技术路线，用途至为广泛。相对其他成型技术，SLS 技术最大的优势在于十分宽广多样的材料选择范围，理论上所有在激光加热下能形成分子间连结的材料都能作为 SLS 的用料，包括陶瓷粉末、玻璃粉末、石蜡粉末、高分子复合材料粉末、金属粉末等。另外，SLS 技术还具有烧结过程无需支撑、材料利用率高、可烧结复杂制件等优点，日益受到学术界及各行业的关注。其成型过程为激光根据需要成型的制件的轮廓移动并选择性开关，在需要烧结的地方开激光，不需要的地方关激光。粉末材料受热融化，粘连在一起，冷却后成型，与下一层紧密连结。该层烧结结束后，成型平面下降一层高度，铺粉辊自动落粉

刮平形成下一层待烧结的新平面，然后激光继续烧结。SLS成型机示意图如图3-2所示。

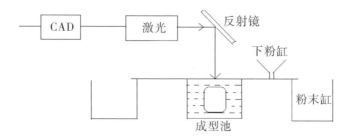

目前绝大多数的SLS成型机基本上烧结的都是非金属材料粉末，在金属烧结方面技术难相对较大，成本也较高。首先需要高功率（>1000W）激光，成型腔体也要求高温绝热。此外，高温烧熔的金属液体内聚力很大，易形成球状珠粒，严重影响表面的精细度，制作微小的金属工件较难。但是，随着技术的提高，如能做到3D打印的金属零件在性能上与传统方式制造的金属零件没有差异，甚至有所超越并且成本进一步降低的话，将会有更多企业用来直接制作各种非标的、具有创新性质。在航天航空高技术、高要求、高投入的领域，已经开始使用钛合金的金属打印零件。金属烧结是目前SLS技术的重点突破项目，一旦该项技术发展成熟，进入实用化，可以预期，那时候的3D快速成型将颠覆整个制造业。

■ 图3-3　PST-L100 成型机

四、SLA（光固化成型）技术原理

光固化成型（SLA）是采用特定波长与强度的激光聚焦到光固化材料表面，被激光照射到的光固化材料发生聚合而固化。因此，按每层的二维图像由激光束扫描辐照后，液态的高分子材料就会按照被特定形状的图案凝固。完成一个层面的固化之后，成型平台在垂直方向移动一个层片的高度，待新一层液面平足后再固化另一个层面。这样层层叠加便最终构成一个三维实体。

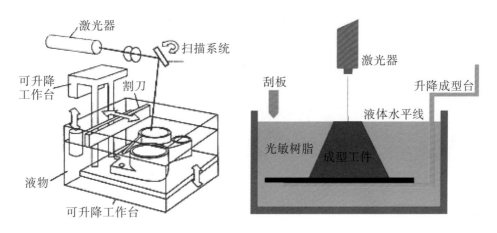

■ 图 3-4　光固化成型 SLA 原理

这种技术路线精度非常高，因为通常采用紫外激光，其光斑极小，为高精度提供了条件。这种技术路线制造的模型层与层之间的距离可以很小，故此连接痕迹微细且连接强度大。

另外一个特点是速度可以做到很快。2015 年研发出了一种新方法，可以不用耗时的点线扫描而是采用整幅二维图像投影曝光使整层快速固化。这种技术路线的最快速度可以达到其他技术路线的 25 倍到 100 倍。但是，基于这种技术路线的机器目前的价格昂贵，而且成型尺寸暂时还不能制作得很大，要投放市场使用还有较大的一段距离。此外，它的打印材料是光敏树脂，这种材料同样价格昂贵，对环境、对设备的要求也较高。因此，使用这种机器的企业一般是利润比较高的行业，例如珠宝行业。珠宝行业要求精度高，结构精细，同时成型的珠宝体积也比较小，这种机器可以达到这些要求，成为珠宝行业首选的 3D 打印机。

五、其他成型方法的技术原理

除了上述的三种常见的 3D 打印技术路线外，还有叠层实体制造（LOM）、三维黏结技术（3DP）。这两种技术并没有实用化，渐渐退出了人们的视野。

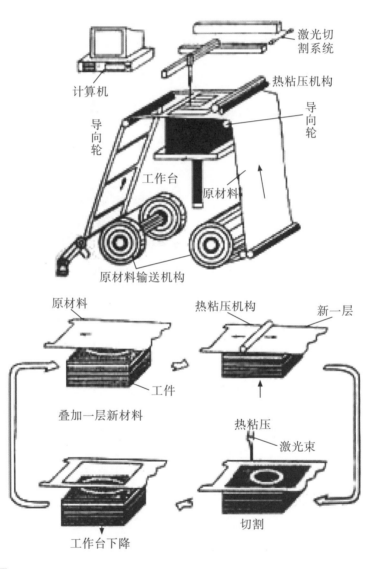

图 3 - 5　叠层实体制造（LOM）原理

叠层实体制造的制造原理是选用一定厚度的箔材（例如牛皮纸），根据箔材的厚度，把成型工件分层，然后按每层的几何图形信息切割这些箔材，将这些切割好的箔材按照顺序黏结成三维实体。其工艺过程是：首先铺上一层箔材，然后用激光在计算机控制下切出本层轮廓，非零件部分全部切碎以便于去除。当本层完成后，再铺上一层箔材，用滚子碾压并加热，以固化黏合剂，使新铺上的一层牢固地黏结在已成形体上，再切割该层的轮廓，如此反复直到加工完毕，最后去除切碎部分以得到完整的零件。有人认为这种技术路线并不能称为3D打印，因为这种技术的材料利用率也比较低，实际上也是一种减材制造。不管怎样，这种技术工作可靠，模型支撑性好，能按照图纸快速制造零件，无须开模，一直被看作3D打印技术的一部分。后来这种技术之所以发展不起来是因为前、后处理费时费力，且不能制造中空结构件。

3DP工艺与SLS工艺类似，都是采用粉末材料成形，如陶瓷粉末、金属粉末。但是3DP的材料粉末不是通过烧结连接起来的，而是通过喷头喷出黏合剂把粉末颗粒黏结起来。除此之外，3DP工艺和SLS工艺的成型过程基本是一样的，只是选择性照射的激光变成了选择性喷射的黏合剂。用黏合剂黏结的零件强度较低，零件表面的粉末颗粒感明显，还须后处理。未被喷射黏合剂的地方为干粉，在成形过程中起支撑作用，且成形结束后，比较容易去除。这种技术的后处理同样费时费力，零件的使用领域有限，也渐渐被淘汰了。

第四章

如何获得打印模型

获得打印模型的方式方法多种多样，归纳起来大致有三种途径：自己设计并画图、自己构想并请别人代画、复制现成的或已有的别的模型。也就是说，最好是自己学习画图并掌握三维作图软件，把自己的创意用三维图形画出来，并自己操纵 3D 打印机把它打印出来——这是 3D 设计制作最完美的境界。其次，要求低一些：你可以把别人已经画好的并上传到网上的模型，选择喜欢的模型下载下来使用。此外，还可以使用三维扫描设备（俗称"抄数机"）去拷贝一个已有模型（例如一个花瓶\一双鞋\一个雕塑\一个人像……）的数据，再打印出一个同样的模型。本章将介绍这三种获得模型的方式，读者可根据自己的喜爱和实际具备的能力，通过这些方式去获得你所需要的模型。

一、使用三维画图软件去建立打印模型

使用软件画图的能力是实观 3D 打印机功能最大化的必备条件。所谓功能最大化，就是使用 3D 打印机打印新设计的产品，实现自己的创作意图，而不是一直重复打印同一个东西，或者只能打印网上下载的模型。3D 打印之所以又叫快速成型技术，并不是单纯因为它的建造速度比传统制造技术快。假如利用已制好的模具，采取注塑、挤塑等传统制造技术，几分钟就可以生产一个塑料产品。而 3D 打印机根据模型的大小需要用几个小时到几十个小时不等的时间才能完成。但是，传统制造技术在制造一个新产品之前必须开模，有了模具才可以生产。一般来说，开模的时间往往要好几个月。这个时候 3D 打印机的几个小时甚至是几十个小时就变得极具吸引力了。因此，使用 3D 打印机来完成新产品的设计才是它真正的价值所在。

现有的绘图软件已经很多，诸如 PROE、3DMAX、SOLIDWORD、UG、RHINOCEROS 等都可以绘制三维模型图，只需要最后输出的格式是 *.STL 格

■ 图 4 – 1　Pro/E　3D 绘图软件

■ 图 4 – 2 Solidword　3D 绘图软件

式即可。一般来说，新手从零开始学习这种软件，想要达到使用这种软件来绘制各种复杂模型的程度需要好几个月的时间。因此，这种软件的学习本身就是一门较为繁重的课程，在这里限于篇幅不再赘述。对于有专业绘图工程师的企业来说，可以最大化发挥 3D 打印机的价值。但是一些小的企业，他们并不会专门设置三维画图的工程师，一般二维平面图就可以满足他们的需要了，因为开模厂可以根据他们给的平面图制造出不太复杂的相应模具。因此，当企业意识到 3D 打印技术可以改变他们开发产品的程式，带来便捷和利益时，他们才会主动学习使用 3D 打印机，才会更大范围地使用三维绘图软件，从而实现 3D 打印机更大的价值。

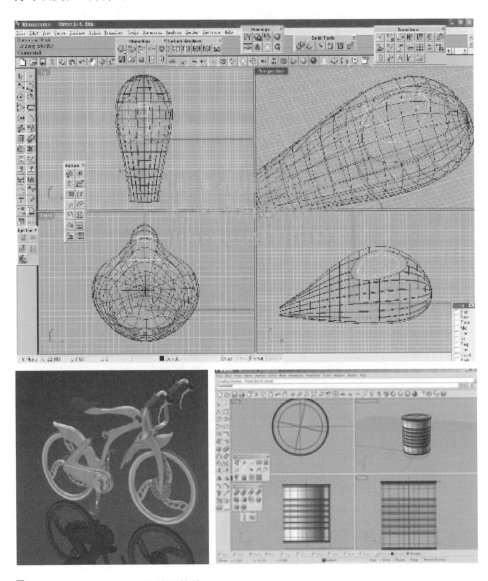

■ 图 4-3　Rhinoceros 3D 绘图软件

Pro/E 采用了模块方式，可以分别进行草图绘制、零件制作、装配设计、钣金设计、加工处理等，保证用户可以按照自己的需要进行选择使用。

Rhino3D NURBS 非均匀有理 B 样条曲线。是一个功能强大的高级建模软件．Rhino3D 犀牛软件是三维建模人员容易掌握的、具有特殊实用价值的建模软件。

当然，除了在工业上可以使用 3D 打印机，生活中同样可以用到这种神奇的机器。所以，现在 3D 打印企业也希望开拓其他领域的客户，例如业余爱好者、中小学生等。这些人员往往没有学习专业的画图技术，工程画图软件对他们来说难度过大。因此，有专门的软件开发商开始开发简单易学的软件，降低三维画图的入门门槛。

近日欧特克推出了一款易于上手的 3D 设计软件，这在操作便捷性、界面直观性等方面都有很大的提高。UMake 3D 设计软件直接通过触摸屏绘制自己的 3D 模型，但是如果绘画基础差的话，使用它相对会较难。不过，这对于用户仍然是入门级的操作软件，它无须专业的操作知识，很直观、形象地把 3D 模型展现在用户面前。

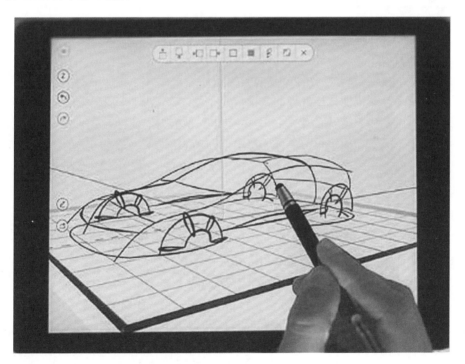

■ 图 4-4　可以直接通过手绘获得想要的 3D 模型

Adobe 公司也开始关注 3D 打印，并在 Photoshop CC 2014 版本增加了 3D 模型设计等功能。这对于经常使用 Photoshop 软件的用户来说，确实提供了一条通向 3D 打印设计的便捷之路。

二、使用 3D 扫描仪获得打印模型

除了自己绘制模型外，也可以通过 3D 扫描仪（3D scanner）（俗称"抄数机"）等设备来获得模型的三维数据。如果说上节提到的方式相当于普通打印机的打印功能，那么，通过 3D 扫描仪的这种方式就相当于普通打印机的复印功能，可以把已有的模型复制出来。有人可能会觉得使用 3D 打印机来复制一个已有的物品不值得，不如再买一个。这种看法有一定的道理，但是不全然。在医疗领域，医生在手术前会通过医疗设备（例如 X 光 – CT 扫描仪）来获知患者体内的病灶情况，提高了医生诊断的准确度，但是仍然存在一些盲点。现在不少医院开始通过 3D 打印将病灶的实际情况打印成立体模型，更加直观全面地了解患者的情况，利用立体模型准确分析并制定最佳治疗方案。这是医疗技术的一次大进步。

三维扫描是集光、机、电和计算机于一体的高新技术，主要用于对物体空间外形、结构及色彩进行扫描，以获得物体表面的空间坐标参数，得到的大量坐标点的集合称为点云（Point Cloud）。它的重要意义在于能够将实物的立体信息转换为计算机能直接处理的数字信号，创建实际物体的数字模型，为实物数字化提供了相当便捷的手段。这些模型具有相当广泛的用途，举凡工业设计、瑕疵检测、逆向工程、机器人导引、地貌测量、医学信息、生物信息、刑事鉴定、数字文物典藏、电影制片、游戏创作素材，等等。三维扫描技术能实现非接触测量，且具有速度快、精度高的优点。其测量结果可以直接与多种软件接合，这使它在 CAD、CAM、CIMS 等技术应用日益普及的今天很受欢迎。

三维扫描仪的制作并非依赖单一的技术途径，各种不同的重建技术都有其优缺点，成本与售价也有高低之分。目前尚无一种通用的重建技术，装置与方法往往受限于物体的表面特性。例如，常规光学技术不易处理闪亮（高反照率）的、镜面的或半透明的表面，而激光技术又不易适用于脆弱或易变质的表面。

三维扫描仪大体分为接触式和非接触式两类。其中，非接触式三维扫描仪又分为光栅三维扫描仪（也称为拍照式三维描仪）和激光三维扫描仪。而光栅三维扫描又有白光扫描或蓝光扫描等，激光扫描仪又有点激光、线激光、

面激光的区别。

　　三维扫描仪的用途是创建物体几何表面的点云（point cloud），这些点可用来插补成物体的表面形状，越密集的点云可以创建更精确的模型（这个过程称作三维重建）。

　　三维扫描仪与二维照相机的区别在于：它们的视线范围都体现圆锥状，信息的搜集皆限定在一定的范围内。两者不同之处在于相机所抓取的是光强和颜色信息，而三维扫描仪测量的是立体实物每点的距离。

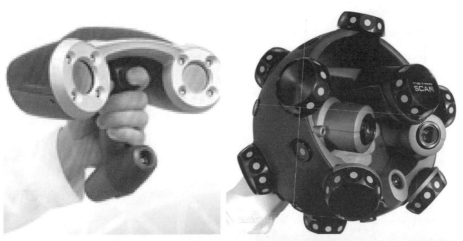

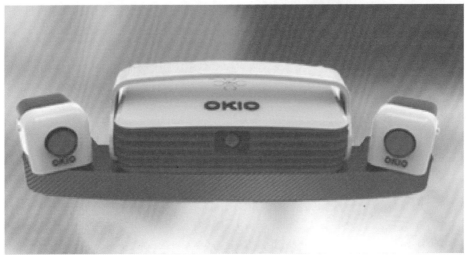

■ 图4-5　形形色色的三维扫描仪（抄数机）

■ 图 4-6 可以通过扫描仪（抄数机）获得想要复制的 3D 模型

　　以前人们通过拍照来留住特别的时光，自从有了 3D 打印技术之后，人们开始复制一个小小的自己立体塑像来留作纪念。在不少大城市已经开始出现这种造像馆，成为一种新的时尚。3D 造像馆正是应用了 3D 扫描仪来获得人体外形的打印数据。

　　医学整形外科用三维扫描仪快速获取需要制作假牙、假肢、需要面部整形的轮廓三维数据，并运用逆向软件生成曲面，最后在快速成型系统中加工出实体模型。

模具制造业为满足市场需求，需要在设计与制造技术上进行快速提升。有人使用手持式三维扫描仪来设计新的模具，浇铸件。三维扫描仪快速地获取模具、浇铸件的三维数据，配合数控镂铣机，磨机和 3D 打印机来复制原来的工件做快速成型。

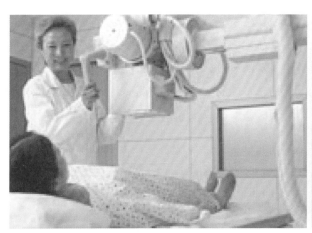

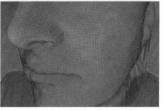

■ 图 4-7　医学整形把三维扫描仪应用于牙模、假肢、整形、矫形外科等领域

目前精确的 3D 扫描仪价格仍较为昂贵，并且在操作上需要相当的技术知识，不够简易。故此，普通爱好者并不会乐意购买这样的仪器。所以网上出现了一些简单的 3D 扫描模块和软件。例如，最近有一款针对 iPad 设备的 3D 扫描仪应用，名为 Itseez3D 的。Itseez3D 让 iPad 用户可以将家具、鞋、玩具，甚至是人体转变为 3D 模型。这个软件仅需在 iPad 上加装一个小小的传感器。也有消息称，谷歌和苹果都在计划将 3D 传感技术引入平板电脑中。将来只需要一个平板就可以实现 3D 扫描。人类社会的广泛需求，必将推动 3D 扫描仪的迅速发展。

三、通过网络获得打印模型

现在 3D 打印发展得如火如荼，越来越多的机器进入市场，但是用户的开拓并不容易。为了引起人们的兴趣，增加用户对 3D 打印机的使用能力，不少3D 打印机制造商开始提供模型下载及打印服务。他们会在网上建立一个平台，自己绘制模型上传至平台或者鼓励懂得绘图的专业人员上传设计好的模型，用户可以直接下载这些模型，用 3D 打印机打印出来。有些网站则提供打印服务，为没有 3D 打印机的用户提供指定的 3D 打印模型。通过这种方式，越来越多的潜在用户发现 3D 打印的乐趣，开始使用 3D 打印机。

一般来说，用户如果一直停留在下载别人的模型来打印的这种使用模式，他们的兴趣很快就会消失。所以，这些模型网站每天都会上传很多新奇有趣的模型文件，让用户每天都可以发现新鲜事物。这种模式对小孩子尤其有用。小孩子往往不具备画图的能力，但是他们天生对于新鲜事物有着无限的向往，尤其是玩具玩偶等，所以每天打印新鲜的玩具对他们来说非常具有吸引力。而家长则希望通过这种方式锻炼孩子的思考能力、想象能力等。因此，通过这种方式获得打印模型是家长喜闻乐见的。

第五章

FDM 型 3D 打印机的使用

FDM 型 3D 打印机是目前市面上主流的打印机类型，大部分的 3D 打印机制造商都将这种类型的 3D 打印机作为主打产品。这种 3D 打印机具有精度较高、操作简单、性价比高等特点，市场接受度较广泛。因此，学习这种机器的操作是十分必要的。本章将以 PST – ZA 3D 打印机为例展开学习。

一、重要组件介绍

为了给客户更好的使用体验，每台桌面 3D 打印机都有一整套的操作工具及相关使用说明，使客户即使在没有技术支持时也能自学操作和维修。在一台桌面 3D 打印机出货时，应该包括 3D 打印机一台、电源线一条、供丝盘架一套、随机配备工具一套、PLA 耗材一卷。其中整套配备工具包含镊子、尖嘴钳、铲、六角匙（2.5、3、4）、扳手（8、10）、十字螺丝刀、φ1.5 钢针、锉刀、读卡器、SD 卡、数据线（如图 5 – 1 所示）。SD 卡中有打印机驱动程序、主机软件 Pronterface、分层软件 Slic3r 及其说明书、分层软件 cura 及其说明书、福昕阅读器及 WinRar 安装程序、模型文件、PST-ZA 3D 打印机使用说明书、分层软件操作说明书。在正式使用 3D 打印机之前，应该检查这些配件是否配齐，并认真阅读说明书，了解这台机器的使用过程，避免由于操作错误导致机器故障。

在使用机器前，首先需要了解机器的几个重要部件。

（1）USB 接口。该接口连接电脑与 3D 打印机，是控制打印机的一种方式。通过该方式，可以直接控制打印机的运动及打印保存在电脑中的模型文件，也可以修改打印机的参数设置。再进一步，还可以修改 3D 打印机的芯片程序。

（2）SD 卡槽。输入模型文件的方式有两种，除了上述使用数据线连接电

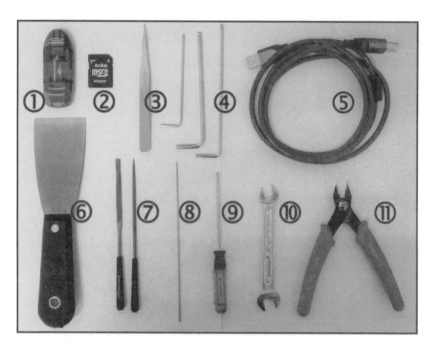

■ 图5-1　随机附赠工具

　　随机配备工具：①读卡器；②SD 卡；③镊子；④六角匙（2.5、3、4）；
⑤数据线；⑥铲；⑦锉刀；⑧钢针；⑨十字螺丝刀；⑩扳手；⑪尖嘴钳。

脑外，还可通过 SD 卡输入。结合显示屏，整台机器就可脱机运行，无须使用
电脑控制。

　　（3）整机电源开关。接通电源，机器风扇启动，可操作机器运动。

　　（4）Z 轴限位开关调节螺丝。平台下降过程中螺丝一旦触碰该限位开关，
下降运动将停止，这个停止位置就成为 Z 轴的原点。因此，调节该螺丝的位
置，就可调节 Z 轴的原点位置。

　　（5）调节平台高度调节螺母。调节这四颗平台螺丝，就可调节平台水平。
这是保证打印顺利进行的重要步骤。

　　（6）压丝滑轮松紧调节螺丝。塑料丝伸入挤丝装置后，会被该螺丝压紧，
提供足够的摩擦力使塑料丝被推进挤丝头。换丝或清理挤丝头时必须松掉这个
螺丝。

　　虽然不同机型的这些部件位置不一样，但是作用和使用方法是一样的，可
根据实际情况使用。

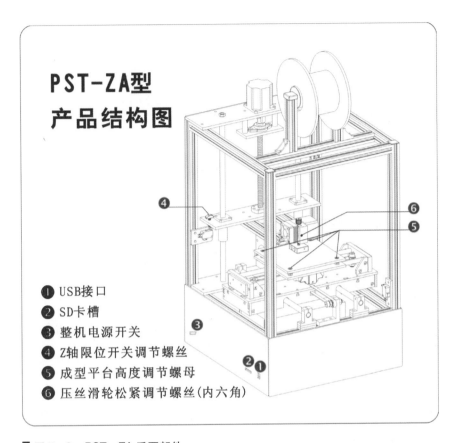

PST-ZA型
产品结构图

❹
❻
❺

❶ USB接口
❷ SD卡槽
❸ 整机电源开关
❹ Z轴限位开关调节螺丝
❺ 成型平台高度调节螺母
❻ 压丝滑轮松紧调节螺丝(内六角)

❸
❷❶

■图5-2 PST-ZA 重要部件

二、打印步骤

当我们拥有一台 3D 打印机，我们如何才能打印出千奇百怪的模型呢？首先，我们需要获得一个三维立体模型图。一般来说，我们可以使用 PRO/E，3DMAX 等三维制图软件画出立体模型图，也可以通过 3D 扫描仪等获得一个实物的三维数据。获得立体模型图后，必须把模型图转化为 STL 格式，并将这个格式的文件输入 slic3r 或 cura 等分层软件中进行分层处理，获得每一层的数据，再将分层后的文件输入 3D 打印机中，打印机即可开始打印模型。模型打印完成后，小心地从成型平台上取下模型即可。

总结起来，3D 打印机的使用包括以下步骤：

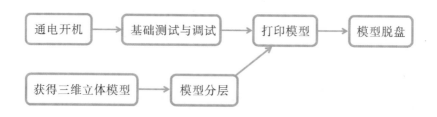

三、机器操作

（一）连接电源线，通电开机

（1）看到喷头自动复位时说明 3D 打印机开机完成。

（2）电脑开机并用 USB 数据线将电脑与 3D 打印机相连。第一次连接会提示安装新硬件，选择从列表或指定位置安装。点击下一步，选择在这些位置上搜索最佳驱动程序，勾选在搜索中包括这个位置，然后点击浏览，选择我们附带文件中的 PSTZA/驱动程序/FTDI USB Drivers，点击确定，点击下一步进行安装。具体过程如图 5 – 3 到图 5 – 5 所示。

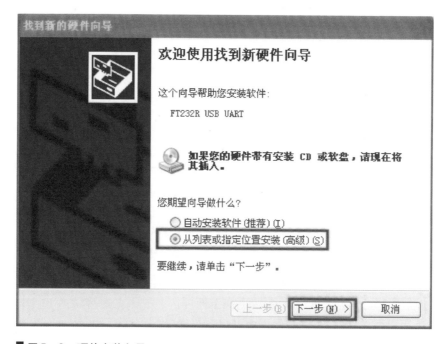

■ 图 5 – 3　硬件安装向导

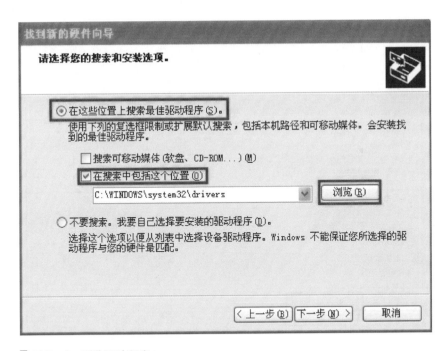

■ 图 5 - 4　浏览驱动程序

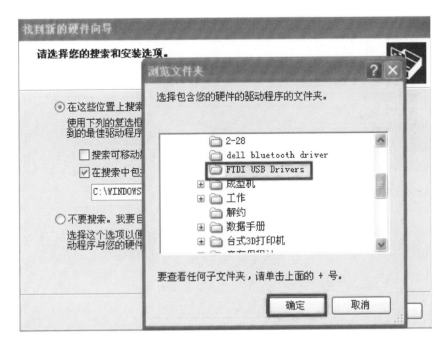

■ 图 5 - 5　手动选择驱动程序 FTDI USB Drivers

（3）安装成功后，右键点击我的电脑，选择属性→硬件→设备管理器，点击端口（COM 和 LPT），可以看到多了一个 COM5 口（多出来的 COM 口随电脑不同而有所差异，一般为除 COM1、COM2 之外的串口），这个 COM5 口就是下面所设置的串口。

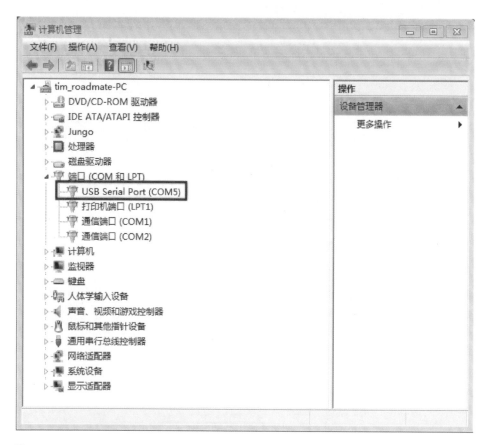

■ 图 5-6 查看通信 COM 口

（二）基础测试与调节，双击打开 pronterface. exe

（1）选择串口（选择上述串口）。

（2）设置波特率为 250000。

（3）点击"Connect"连接。

（4）"Connect"连接成功后，右侧的通信窗口收到打印机的应答。此时运控控制面板被激活变成深颜色，点击方向控制板上的 x、y、z 的运动和复位，测试运动是否正常。

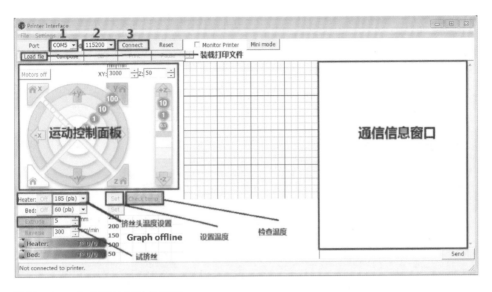

■ 图 5-7　打印机控制软件说明

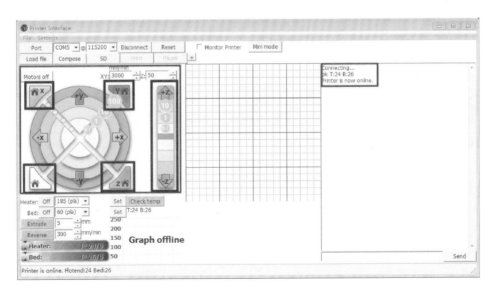

■ 图 5-8　通信窗口信息

（5）升高 Z，使挤丝头与底板离开 5cm 左右。设置挤丝头温度为 180℃（PLA 熔化温度），点击"Set"设定，挤丝头温度将慢慢攀升；等待 2 分钟左右，点击"Check temp"进行查看温度，右侧信息窗口打印机应答：OK T：186 B26（意思为：挤丝头温度 186℃、热床温度 26℃）。

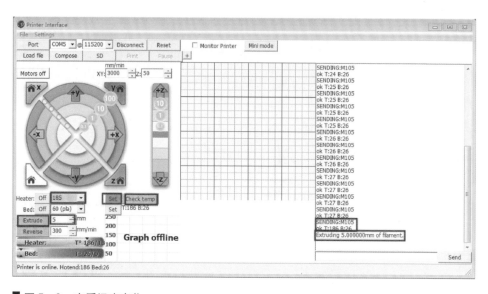

■ 图 5－9　查看温度变化

（6）温度达到 180℃后，点击"Extrude"进行试挤，在信息窗口显示"Extruding 5.0000mm of filament"，同时摸挤丝头上的丝是否正常进丝（若进丝正常，手可以感受到丝被吸入）。如果进丝正常，点击"Extrude"直到挤丝头有丝挤出为止，如图 5－10、5－11 所示；如果挤丝不正常，首先查看温度是否达到 180℃，然后检查丝是否正常插入。

■ 图5-10　判断挤丝头是否正常进丝

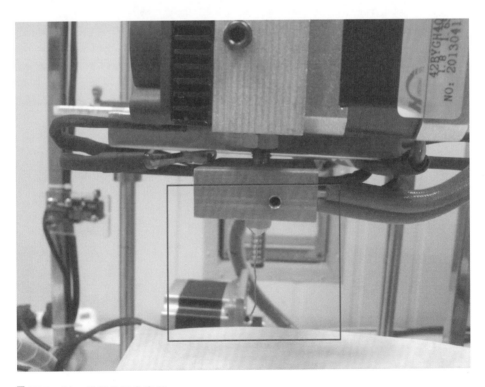

■ 图5-11　挤丝头正常出丝

（7）零点调节（出厂时已调好）。点击总复位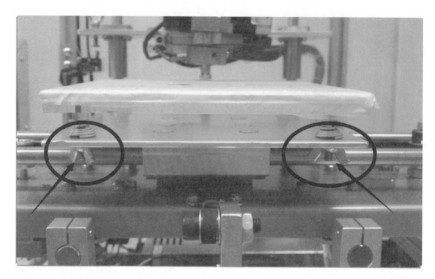，准备一张 A4 纸，点击 x、y 移动按钮，使挤丝头分别移动至平台四个角及中心，点击 z 复位，测试挤丝头与平台这五个点的高度是否为一张 A4 纸的厚度。若个别位置高度太高或低，可通过调节底板的四个高度调节螺丝直至平台高度合适。若所有点的高度都太高或太低，则可直接调节 Z 轴限位开关调节螺丝。

▌图 5－12　四组底板高度调节螺母

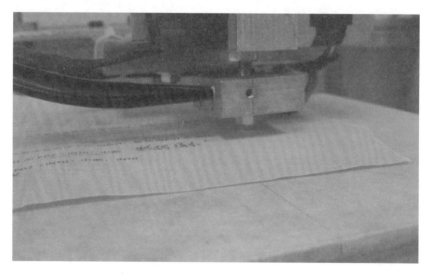

▌图 5－13　高度为轻压一张 A4 纸厚度

安全注意事项：

（1）打印过程中或挤丝头温度升高后，切勿用手触碰挤丝头，以免烫伤。

（2）打印材料为 PLA，材料无毒，但切勿吞食。

（3）注意用电安全。

（三）选择打印模型，双击打开 pronterface. exe

3D 打印机仅能识别并打印 . gcode 格式的文件，因此在打印前需将模型文件先作分层处理，分层后再输入 3D 打印机中打印。分层软件的使用方法将在第七章中详细说明。

输入打印模型的方式有两种，一种是连接电脑打印，另一种是使用 SD 卡脱机打印。

连接电脑打印：连接电脑成功后，点击 Load file 装载文件；选择分层后的 . gcode 文件，点击打开。点击打开后，稍等 10 秒后，在信息窗口会显示打印层数以及打印时间。例如：Estimated duration（pessimistic）：388 layers，09：01：34（打印层数 388 层，耗费时间预计 9 小时 1 分 34 秒）。然后点击 Print 进行打印，打印机在升高温度过程中机器保持不动，达到预定温度时，自动开始打印。

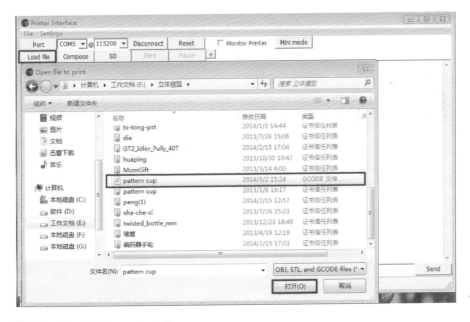

■ 图 5 - 14 选择 . gcode 文件

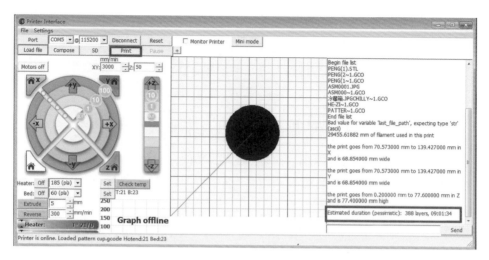

■ 图5-15 等待温度达到打印温度

SD 卡打印：将分好层的 .gcode 文件拷贝到 SD 卡中，然后将 SD 卡插入 SD 卡槽中，电脑与打印机连接成功后，点击 SD，选择 SD print，选择拷贝进去的 .gcode 文件，点击 OK，打印机升温到预定温度则开始打印。

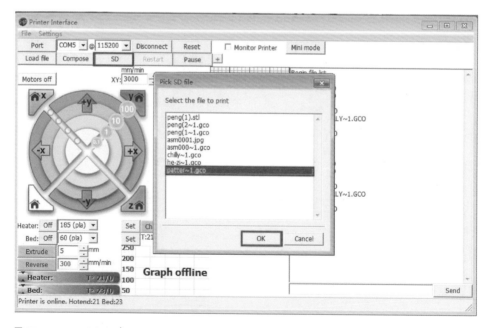

■ 图5-16 选择 SD 卡中的文件打印

另外，即使没有电脑也可以使用显示屏开始打印作业。仅使用显示屏操作时不需要安装操作软件驱动，即上述的第一步不需要执行。显示屏旁边有一个黑色旋钮，可以使用这个旋钮选择对应的操作，例如移动喷嘴、加热、选择打印文件等。这些操作十分简单，这里不再赘述。使用显示屏操作有一个特殊的功能，在主界面直接旋动旋钮可以实时调节打印速度，十分方便。

▌图 5-17　显示屏操作界面

使用SD卡打印在打印过程中不会因为电脑中的操作程序的关闭而停止打印，避免了由于误操作关闭操作软件或电脑死机造成的打印中止。

选择打印文件后，需留意第一层的打印质量。万丈高楼平地起，首层打印质量的好坏将直接决定模型是否能成功打印。首层打印可能出现以下情况：

（1）挤丝头与底板距离太低，会导致卷刮，严重时会导致熔丝无法挤出并积压在挤丝头中，甚至导致挤丝头堵塞。距离太低时的打印效果如图 5-18 所示。

▌图 5-18　挤丝头与底板距离太低

解决方案：距离太低时，可以调节底板上的 4 个高度调节螺丝，也可以调节 Z 轴的限位开关触碰螺丝来增加挤丝头与底板高度。

▌图 5 – 19　调解 Z 轴限位

（2）挤丝头与底板距离太高时，会导致丝无法粘到底板上，距离太高时的打印效果如图 5 – 20 所示。

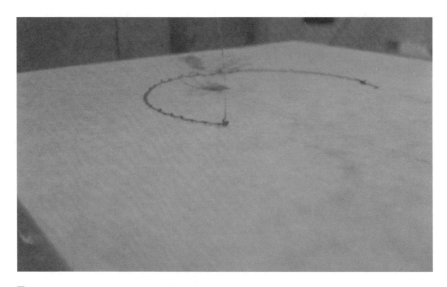

▌图 5 – 20　挤丝头与底板距离太高

解决方案：距离太高时，可以调节底板上的4个高度调节螺丝，也可以调节Z轴的限位开关触碰螺丝来减少挤丝头与底板高度。

（3）挤丝头与底板距离最佳时打印效果如图5-21所示。

▌图5-21　挤丝头与底板距离合适

（四）脱盘及清理

由于模型打印完成时牢牢地粘在底板上，使用暴力将模型掰下或拔起都有可能损坏模型，甚至损坏底板。为了不损坏模型，建议使用刀片或者配备的锉刀，从模型的边缘，慢慢将模型翘起，如图5-22所示。模型托盘后，用剪子将多余的丝清理干净，这样3D打印模型就大功告成了。

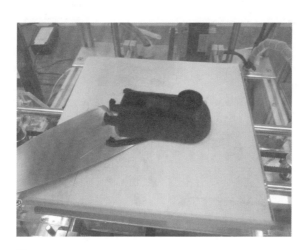

▌图5-22　脱盘正确方法

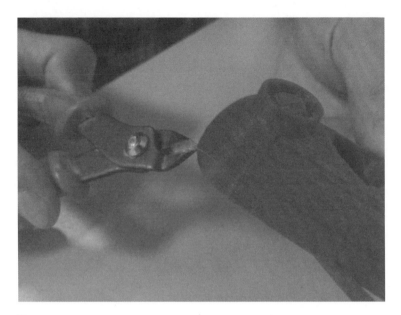

■ 图 5 – 23 清理模型

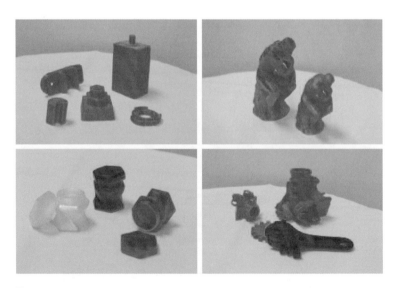

■ 图 5 – 24 桌面 3D 快递成型机部分成型样品

第六章

SLS 型激光快速成型机的使用

    SLS 型 3D 打印机使用激光微束将粉末材料熔化烧结成特定形状，主要使用高分子粉末、陶瓷粉末等作为耗材。目前，金属粉末打印是许多意图制作功能性器件单位的研究热点，一旦实现真正的金属打印商用化，将改变整个制造业格局。

    由于 PST – L100 型激光快速成型机是广东谱斯达光子科技公司自主研发成功的 3D 打印机，拥有 3 项发明专利和 8 项结构新型专利。在控制软件和分层软件以及暂停、续打功能等均是自行设计制作的，自动化程度较高，操作相当简易。本章将以 PST – L100 型激光快速成型机为例，详细讲解其操作步骤。

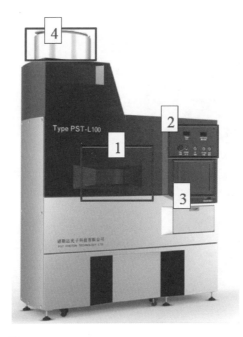

■ 图 6 – 1　PST – L100 组成部件

首先了解一下 PST－L100 的重要组成部分。

（1）成型腔监视窗。从这个玻璃窗可以看到成型腔内的成型情况，是一种比较安全的观察方式。

（2）前面板。前面板包括总开关、紧急开关、电脑开关、扫描开关和激光开关，同时还能监测电压和激光电流。

（3）电脑显示屏。该成型机内置电脑，通过电脑内的操作软件控制成型机的运作。显示屏下方是无线键盘，用于操作电脑。

（4）粉框。该成型机采用自动下粉方式，每次将足够的成型粉末放到粉兜里就可实现自动下粉，成型过程无须人工添加成型粉末。

一、使 用 步 骤

（一）设备通电前的准备

（1）交流 50Hz、220V、3A 单相供电。电源线与电网之间连接必须牢靠，并且具有地线。

（2）检查粉兜已装入足够的粉材。

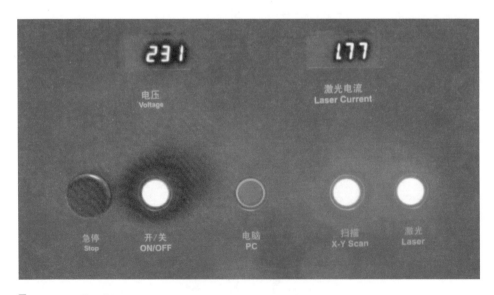

图 6－2　前面板

（二）进行成型操作前的准备

（1）按下总开关"ON/OFF"，红色指示灯亮，电压表指示交流220V。风冷电扇启动。若安装了CCD监示器，荧屏上将出现成型平台处的实时图像。

（2）按下"X–Y Scan"，应看到绿色灯亮。如果需要调节操作平台的初始位置，可以使用背后的控制面板。

（三）后面板的手动控制操作

（1）上排三位数字显示"层厚（mm）"；下排四位数字显示开机以来已打印累积的"层数N"。

（2）当按一下（半秒）"左"边钮时，铺粉刮板向左运动，达预定位置后就自动停止。当按一下"右"边钮时，铺粉刮板向右运动，达预定位置后就自动停止。

（3）当按一下"上"边钮时，工作台平面将向上运动，移动一层高度后就会自动停止。当按一下"下"边钮时，工作台平面将向下运动，移动一层高度后会自动停止。

（4）当单击中央"复位"钮时，将会看到：铺粉刮板将自动返回到起点（左边）停；工作平台将自动升高至起点（第0层平面）停。

（5）细致地检查、调节，令铺粉刮板刚好与工作台平面之间的距离达到一"层"厚度左右（0.1～0.15mm）。此时准备工作即告完成。

■ 图6–3　手动控制面板

（四）打印成型时的操作步骤

（1）按下电脑启动开关"PC"。进入软件"激光快速成型"，点击打开，选择.leo文件，此时成型区内出现当前打印层的截面图。再此点击打开，选择.jpg格式的文件，此时成型区右上方出现整个模型的照片。

（2）设置成型参数，例如功率、扫描线距、扫描方式等。成型层厚和放大倍率在分层过程中设置完成，打印过程中是不可更改的。如果打开的是.stl格式，而不是.leo格式的文件，则需要先点击分层按钮，使.slt格式变为.leo格式。分层时可设置的参数为层厚和放大倍率。

（3）按下激光开关"Laser"，看到开/关的绿灯亮。此时激光器已开始低电流的预燃运作，等10秒后激光束处于随时待命输出状态。

（4）当需要令成型工作开始，点击"成型"键即可。此时将见到：图形数据传送及执行的显示条带从左至右闪显移动。当完成第N层图形旳激光层积之后，机器将自动进行层高下降、铺粉、图形换层等。进入第（N+1）层。激光将继续执行新一层的层积融结工作。这个过程将连续不断地自动延续下去，直至把模型建造完毕则自行停止。

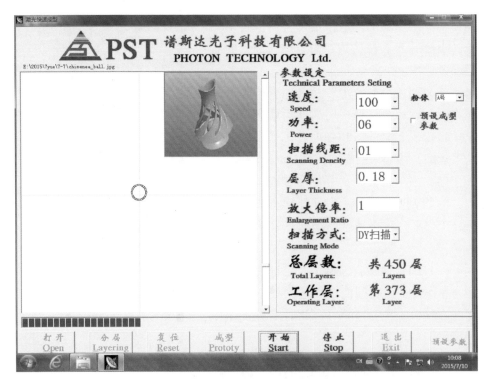

■ 图6-4　PST-L100型激光快速成型机人机交互界面

（五）暂停操作以及制作完成后的取出处理

（1）如遇特殊情况，需要暂停工作，可点击"暂停"键。全机此时进入暂停待命状态。建议用笔记录此刻的各项参数，特别是层数 N、功率 P、速度 V；当需要继续工作时，点击"开始"键，机器立即从第（N＋1）层继续运行。

（2）当全部制造操作完成后，产品将被埋在粉体的深处，需要等待 15～30 分钟，让产品更稳定。此时，即可按背板的"中央复位"键，让工作台慢慢自动升高，露出产品，直至足够的高度，便于取出为止。提取产品时，务必小心，仔细让其脱离托板，以免损坏，这要求操作人员积累技术经验。

二、安全注意事项

在使用任何机器时都必须关注人身安全以及机器的安全，使用 PST－L100 激光快速成型机请注意以下几点：

（1）激光的波长可能超出人眼范围，所以不要用手去试探激光。如果激光异常或要进入打印区域操作，要按下"激光"开关，关闭激光。

（2）如需手动加粉时要选择在打印一层的时间中间进行操作。

（3）精密制造，动作要轻柔。虽然机器自动打印，最好还是经常巡视。万一刮粉时粉体中有粗颗粒或刮刀碰到变形了的成型件，要及时按下激光开关及"XY－Scan"按钮。

（4）长期负责该机器的人员需要注意佩戴口罩，以防吸入过多粉尘细末。

（5）如果需要停止一切操作，可按下橙色"急停"按钮（但电脑不受影响）。当一切处理完毕后，设备需要重新工作时，可把急停钮顺时针方向轻轻扭转，急停钮即时弹起，设备恢复正常待机状态。

第七章

分层软件的使用

　　分层是开始 3D 打印前的必备步骤，只有经过分层才能被 3D 打印机识别并逐层打印出来。对于大部分的桌面级 3D 打印机，常用的分层软件都是适用的，因此，学习一两个分层软件就可以玩转桌面级 3D 打印机。另外，激光烧结成型机有自己专门的分层软件，不同公司生产的机器使用的分层软件都不一样。本章将介绍两种功能完善、使用广泛的桌面级 3D 打印机的分层软件以及 PST－L100 型的工业级专属分层软件的使用方法。

一、3D 分层软件"库拉"（Cura）的结构及使用

　　"库拉"（Cura）是欧蒂马克（Ultimake）公司设计的 3D 打印软件，由于其切片速度快，切片稳定，对 3D 模型结构包容性强，设置参数少等诸多优点，拥有越来越多的用户群。

（一）Cura 的安装

　　Cura 下载地址：http：//software. ultimaker. com/
　　Cura 汉化下载：http：//www. abaci3d. cn/cura/
　　Cura 的安装很简单，但是要注意安装目录最好不要包含中文路径。
　　下载后，双击 Cura 安装程序，安装过程就开始了。Windows 提醒安装风险，点击是（Y）即可。

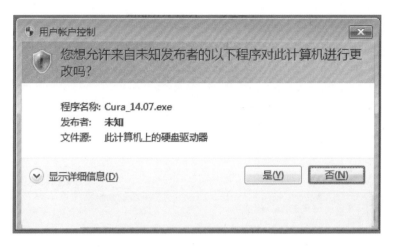

■ 图 7 – 1　允许安装 Cura

　　这时，Cura 安装程序正式启动，第一步是选择安装的目标位置。为保证安装目录具有管理员权限，不要安装在 C 盘。按下 Next 进入下一步。

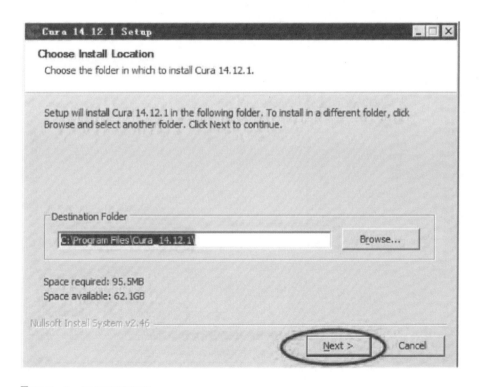

■ 图 7 – 2　选择安装路径

下一步是选择需要安装的 Cura 功能。Cura 主程序是一定要安装的，没法取消。勾选前两个选项，按下 Install 就开始正式安装了。接下来只需要一直选择下一步或者完成按钮，直到软件安装完成即可。

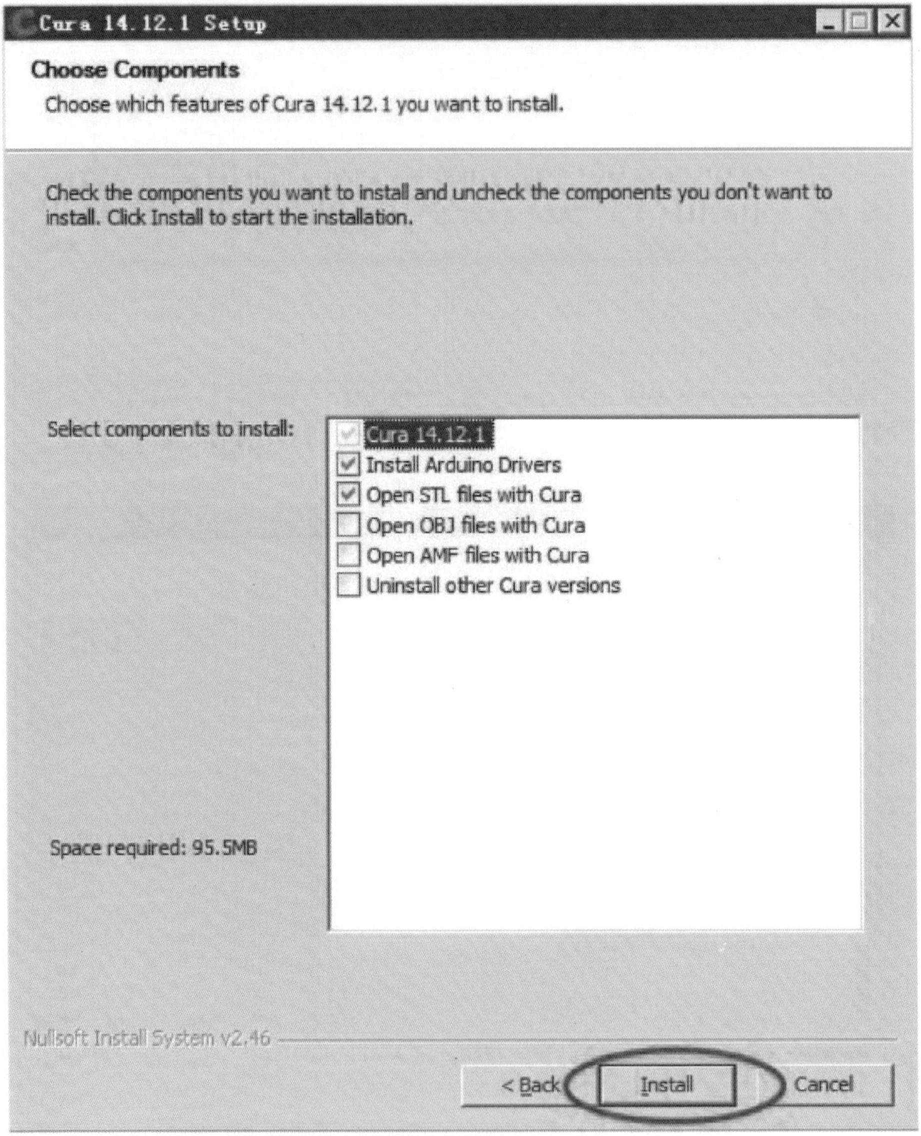

图 7−3　选择安装 Cura 的功能

（二）Cura 首次启动设置向导

安装过程结束之后，启动 Cura 出现如下界面，按下 Next 就好。首次使用时，需要先进行一些基本设置。

■ 图 7-4　首次运行提示

按下 Next 之后，需要选择打印机类型。如果你的打印机不是已列出的所有机型打印机类型，则选择 Other，点击 Next 键进入下一步。

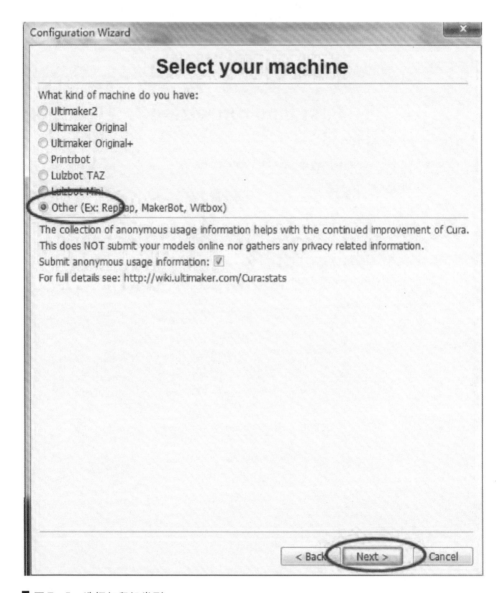

■ 图 7-5　选择打印机类型

Other Machine information 界面，若您的机器没在前面设置好的机器之内，那么这里就选择 Customer。

│ 3D 打印技术培训教程

Custom RepRap information 界面，然后进行自己的打印机基本信息设置：

Machine name：设置打印机名称；

Machine width（mm）：设置打印机成型空间的宽度，也就是 X 轴的长度，单位是 mm；

Machine depth（mm）：设置打印机成型空间的深度，也就是 Y 轴的长度，单位是 mm；

Machine height（mm）：设置打印机成型空间的高度，也就是 Z 轴的长度，单位是 mm；

Nozzle size ：挤丝喷头的直径，单位是 mm；

Heated bed ：是否有热床，根据所使用的机器是否安装了热床来选择；

Bed center is 0，0，0（RoStock）：以零点为成型空间的中心点。一般来说，我们选择（x/2，y/2，0）这个空间点作为成型空间的中心，因此该项不勾选。

■ 图 7-6　打印机初步设置

（三）Cura 的主界面

初始化配置完成之后，就打开了主界面，如图 7-7 所示。主界面主要包括菜单栏、参数设置区域、预览区、工具区和视图工具区。菜单栏中可以改变打印机的信息，设置专家模式等。参数设置区域是最主要的功能区域，在这里用户输入切片需要的各种参数，然后 Cura 根据这些参数生成比较好的 G-Code 文件。使用工具区的选项可以改变模型的摆放方式、模型大小等；视图工具区可以选择不同的预览方式。而选择不同参数或者使用不同的工具导致模型发生的变化会实时地在预览区呈现，方便使用者了解模型的情况。

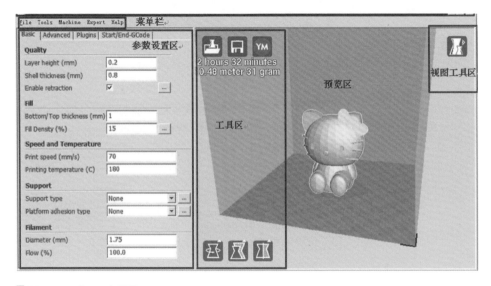

■ 图 7-7 Cura 主界面

（四）打印机各种参数的设置

在参数设置区有四个选项卡，分别是基本的 Basic、高级的 Advanced、插件 Plugins 及开始/结束 - G 代码 Start/End - GCode。下面，我们将逐个了解每个选项卡的内容及作用。

1. Basic 选项卡

主要设置一些基本的分层参数，对于新手来说，只需要设置这些参数就基

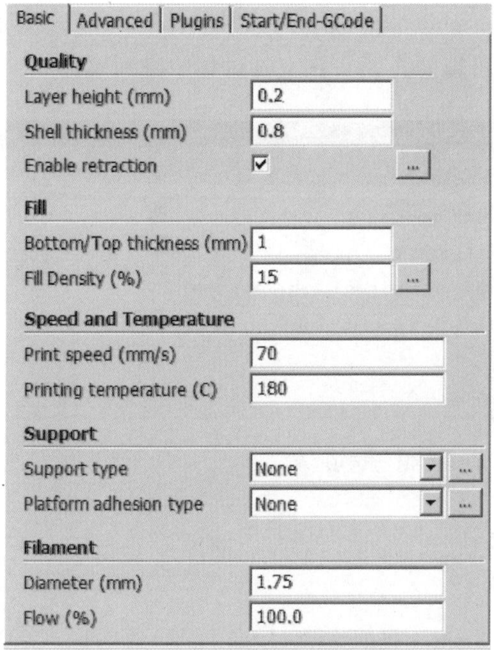

图 7－8　Basic 选项卡

本可以完成一个模型的分层。这个选项卡中包括以下参数：

Layer height（mm）：层高，是指打印每层的高度，是决定侧面打印质量的重要参数。默认参数是 0.2mm。可调范围为 0.1mm～0.3mm。

Shell thickness（mm）：壁厚为模型侧面外壁的厚度，一般设置为喷头直径的整数倍。默认参数是 0.8mm。可根据需要调整。

Enable retraction：启动退丝功能。从一个打印区域移动到另一个打印区域时，为了防止在移动中耗材漏出，影响模型表面质量，可以勾选这个选项。点击该选项后面的省略号按钮，出现如下界面，可以设置以下四种参数：

（1）Minimum travel（mm）：最小空驶长度，是指需要回抽的最小空驶长度，即如果一段空驶长度小于这个长度，那么便不会回抽而直接移动。

（2）Enable combing：使用梳理。让打印机在空驶时行驶路径尽量不穿过外壁，防止表面出现漏丝。防止表面出现小洞，一般来说都需要勾选上。

（3）Minimal extrusion before retracting（mm）：回抽前最小挤出长度。防止回抽前挤出距离过小而导致一段丝在挤出机中反复摩擦而变细，即如果空驶前的挤出距离小于该长度，那么便不会回抽。

（4）Zhop when retracting（mm）：回抽时 Z 抬升。打印机喷头在回抽前抬升一段距离，这样可以防止喷头在空驶过程中碰到模型。

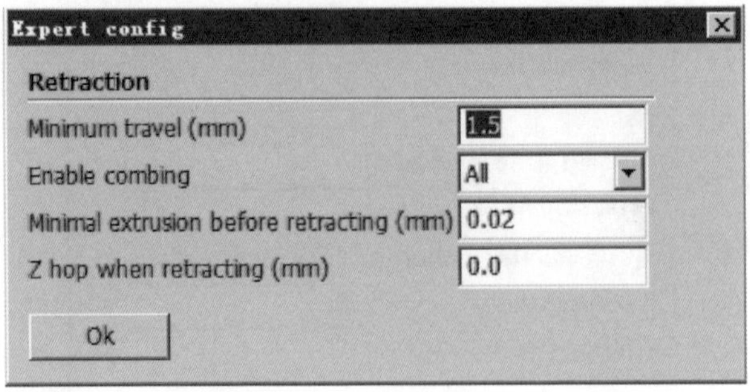

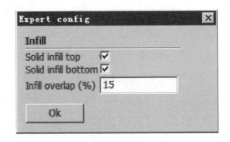

图 7-9　退丝选项

Bottom/Top thickness（mm）：顶/底面厚度是指模型上下面的厚度，一般为层高的整数倍。

默认参数为 0.8mm。数值设置过小可能导致底面或者顶部太薄，封不住内部结构，可根据模型需要调整。

Fill Density（%）：填充密度是指模型内部的填充密度，默认参数为 15%，可调范围为 0%～100%。0% 为全部空心，100% 为全部实心，根据打印模型强度需要自行调整。

点击该选项后面的省略号按钮，出现如下界面，可以设置以下参数：

（1）Solid infill top（顶部实心填充）、Solid infill bottom（底部实心填充）是指顶部或者底部是否需要密封，若不密封则可通过顶部或者底部看到模型的内部填充结构。一般来说为了模型的美观和完整性，这两个选项都要勾选。

（2）infill overlap：填充重叠量。指表面填充和外壁有多大程度的重叠，这个值如果太小就会导致外壁和内部填充结合不太紧密。

图 7-10　填充密度选项

Print speed（mm/s）：打印速度，是指打印时喷嘴的移动速度，也就是吐丝时运动的速度。默认速度为50.0mm/s，可调范围为25.0mm/s～80.0mm/s。建议打印复杂模型使用低速，简单模型使用高速，一般使用50.0mm/s即可，速度过高会引起送丝不足的问题。

Printing temperature（C°）：喷头温度，是指熔化耗材的温度，不同厂家的耗材熔化温度不同，默认的是190℃，可调范围为170℃～230℃，一般用180℃。

Support type：支撑类型。是指打印有悬空部分的模型时可选择的支撑方式，默认为无，选择"底部"为部分支撑。系统默认需要支起来的悬空部分会自动建起支架提供给模型悬空部分打印平台。选择"全部"支撑类型后，模型所有悬空部分都创建支撑，为了模型后期处理支撑方便，打印有悬空的模型一般选择部分支撑。如图7－11所示：开启全部支撑后图中所示的红色方形连片区域就会在打印过程中自动生成支撑。这个选项需要根据模型实际情况选择。点击该选项后面的省略号按钮，出现如下界面，可以设置以下参数：

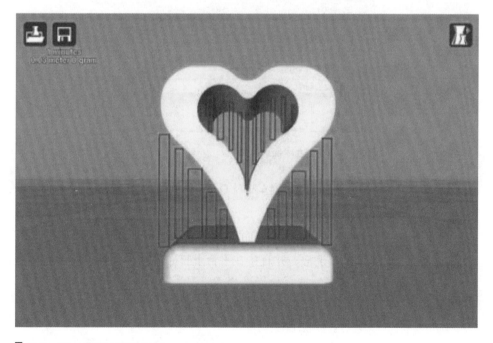

■ 图7－11　全部支撑效果图

1）Structure Type：结构类型。就是支撑结构的形状，有格子状（Grid）

和线状（Line）两种类型，格子状表示支撑结构内部使用格子路径填充，这种结构比较结实，但难于剥离。线状表示支撑结构内部都是平行直线填充，这种结构虽然强度不高，但易于剥离，实用性较强。

2）Overhang angle for support（deg）：生成支撑的最小角度。水平线为90°，当模型的某些部分坡度超过这个设定的值，就会生成支撑。

3）Fill amount（%）：填充量。是支撑结构的填充密度，Cura 的支撑为一片一片的分布，每一片的填充密度就是这个填充量，显然，这个填充量越大，支撑越结实，同时也更加难于剥离。15%是个比较平均的值。

4）X/Y distance（X/Y 距离）和 Z distance（Z 距离）是指支撑材料在水平方向和竖直方向上的距离，是防止支撑和模型粘到一起而设置的。竖直方向的距离需要注意，太小了会使模型和支撑粘得太紧，难以剥离，太大了会造成支撑效果不好。一般来说一层的厚度比较适中。

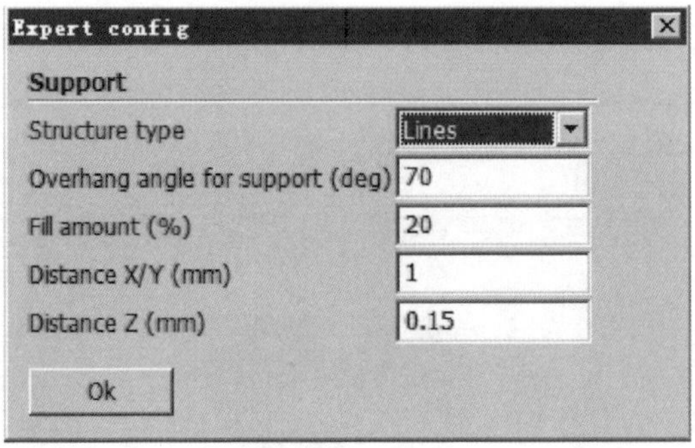

■ 图7-12　支撑选项

Platform adhesion type：平台粘附类型，指的是在模型和打印平台之间怎么黏合，有以下三种办法：

（1）None：直接黏合。就是不打印过多辅助结构，仅在模型底层周围打印一些轮廓线，确保出丝正常，并直接在平台上打印模型，这对于底部面积比较大的模型来说是个不错的选择。当选择 None 时，点击后面的省略号按钮，出现如图7-13界面，可以设置以下参数。

Line count：线数目，是裙摆线的圈数；

Start distance：初始距离是最内圈裙摆线和模型底层轮廓的距离；

Minimal length：最小长度要求裙摆线的长度不能太小，否则 Cura 会自动添加裙摆线数目。

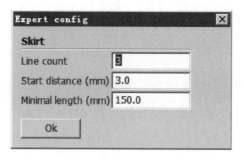

■ 图 7 – 13　设置裙摆参数

（2）Brim：使用压边，相当于在模型第一层周围围上几圈篱笆，防止模型底面翘起来。当选择 Brim 时，点击后面的省略号按钮，还可以设置打印压边的数量。

（3）Raft：使用底垫，这种策略是在模型下面先铺一些垫子，一般有几层，然后以垫子为平台再打印模型，这是为底部面积较小或底部较复杂的模型设计的。然而，在实际使用中发现该选项过于复杂，大部分使用者由于设置参数不够合理，反而导致模型打印失败。因此，不建议使用该选项。

```
Expert config                            [X]

Raft

Extra margin (mm)            5.0
Line spacing (mm)            3.0
Base thickness (mm)          0.3
Base line width (mm)         1.0
Interface thickness (mm)     0.27
Interface line width (mm)    0.4
Airgap                       0.0
First Layer Airgap           0.22
Surface layers               2
Surface layer thickness (mm) 0.27
Surface layer line width (mm) 0.4

    Ok
```

■ 图 7 – 14　Raft 选项参数设置

Filament Diameter：耗材直径，指的是所使用的丝状耗材的直径，一般来说有 1.75mm 和 3.0mm 两种耗材。第四章介绍的 3D 打印机使用的是直径 1.75mm 的耗材。

Flow：流量倍率，是为了微调出丝量而设置的，实际的出丝长度会乘以这个百分比。如果这个百分比大于 100%，那么，实际挤出的耗材长度会比 G-Code 文件中的长，反之变短。

2．Advanced 选项卡

这是进入高级的选项，其中包括：

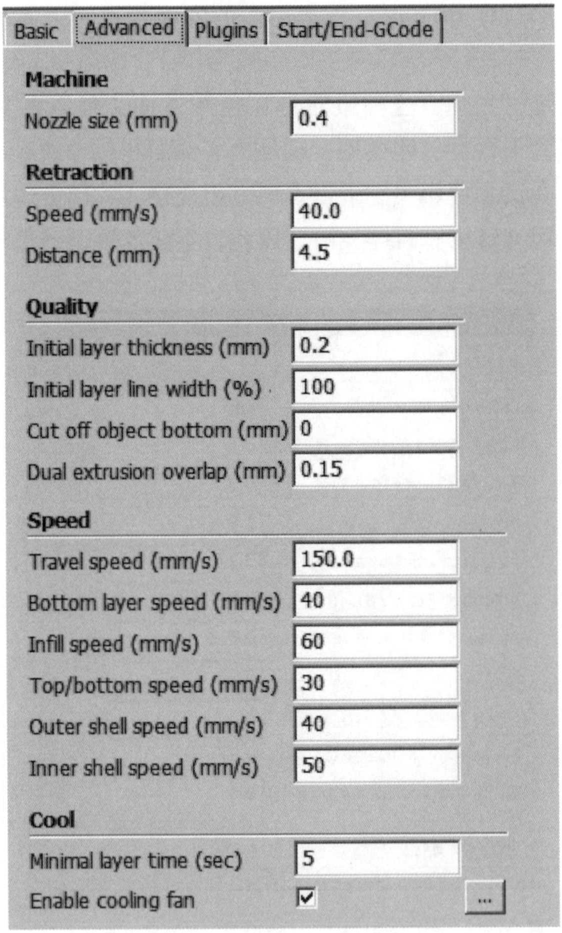

| Basic | Advanced | Plugins | Start/End-GCode |

Machine

| Nozzle size (mm) | 0.4 |

Retraction

| Speed (mm/s) | 40.0 |
| Distance (mm) | 4.5 |

Quality

Initial layer thickness (mm)	0.2
Initial layer line width (%)	100
Cut off object bottom (mm)	0
Dual extrusion overlap (mm)	0.15

Speed

Travel speed (mm/s)	150.0
Bottom layer speed (mm/s)	40
Infill speed (mm/s)	60
Top/bottom speed (mm/s)	30
Outer shell speed (mm/s)	40
Inner shell speed (mm/s)	50

Cool

| Minimal layer time (sec) | 5 |
| Enable cooling fan | ☑ | ... |

■ 图 7-15　Advanced 选项卡界面

Nozzle size（mm）：喷嘴直径，一般为0.3mm或0.4mm，可以提供较好的表面质量和打印速度。需要根据打印机的实际情况设置。本打印机配置了0.4mm直径的喷嘴。

Retraction Speed（mm/s）：退丝速度，是指单次回抽耗材的速度。一般用80mm/s。

Retraction Distance（mm）：回抽长度，是指单次回抽耗材的长度，默认为5.0mm，可调范围为2.5mm～5.0mm。

Initial layer thickness（mm）：首层层高，是指第一层的打印厚度，这个参数一般和首层打印速度关联使用，稍薄的厚度和稍慢的速度都可以让模型更好地打印完第一层而且更好地粘贴在工作台上。可调范围为0～0.3mm。0表示使用基本设置里的每层厚度。

Initial layer line width（%）：首层挤出量是指第一层送料量的多少。100%为正常挤出。根据实际需要调节即可。

Cut off object bottom（mm）：模型底部切除，是把模型在3D打印头放下以后，根据自己打印需要把模型底部平移出三维视图栏，把需要打印的模型部分留在视图栏内，也就是切掉底部的部分模型。默认值为0。

Dual extrusion overlap（mm）：如果是安装了双挤出头的机器，两种材料结合处增加一些重复的挤出量。

Travel speed（mm/s）：空驶速度，指在不打印时的移动速度，可以设置得较高，减少移动喷头的时间。

Bottom layer speed（mm/s）：首层打印速度，是指打印第一层时的喷头移动速度。这个参数一般和首层层高相关，首层打印速度越小，模型和底板粘贴越紧。默认值是40mm/s。

Infill speed（mm/s）：填充打印速度，只是指打印模型里面填充的速度。0表示和前面设置的基本打印速度相同，设置为40mm/s是表示在原来设置的打印速度基础上再加上40mm/s的速度。可大大缩短打印时间并不影响模型表面光洁。一般可调范围为40mm/s～60mm/s。

Top/bottom speed（mm/s）：底部和顶部的打印速度。为了保证顶部和底部的打印效果，这个值一般设置得比正常打印速度小。

Outer shell speed（mm/s）：外壁的打印速度。外壁是指最外面的一层，外壁的质量直接表现为模型的表面质量，因此需要减小速度保证其打印质量。

Inner shell speed（mm/s）：内壁的打印速度。加大这个速度可以减少打印时间，一般设置为外壁打印速度和填充速度之间的某个值。

Minimal layer time（sec）：每层的最小打印时间。为了防止打印下一层时，上一个打印层还没有冷却而设置。当层打印时间小于这个设定值，将自动降低打印速度，使打印时间达到这个最小值。

Enable cooling fan：启动风扇。使用风扇加快模型冷却速度，使其不影响下一层的打印。点击该选项后面的省略……号按钮，还可设置以下参数：

Fan full on height（mm）：风扇全速开启时的高度，设定在该个高度时，冷却风扇全速打开。为了不影响模型粘住成型平台，刚开始打印时不应开启风扇。

Fan speed min、Fan speed max：风扇最小速度和最大速度，是为了调整风扇速度去配合降低打印速度冷却。如果某一层没有降低速度，那么为了冷却，风扇就会以这个最小速度冷却。如果某一层把速度降低 200% 去冷却，那么，风扇也会把速度调整为最大速度辅助冷却。

Minimum speed（mm/s）：最小打印速度。当因为设置了最小层打印时间而导致打印速度降低时，也不可以降低到这个数值以下。

Cool head lift：勾选这个选项后，当打印过程中出现无法同时满足最小层打印时间和最小打印速度时，打印喷头会在打印完一层之后移出打印区域等待。这种方式容易产生漏丝问题。

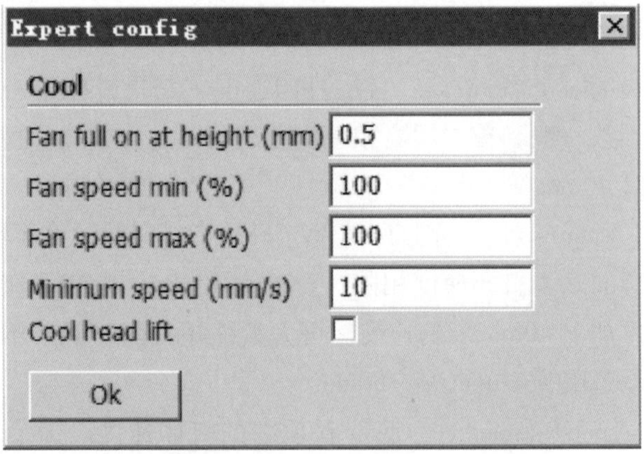

■ 图 7 -16　冷却参数设置

3. 插件

Cura 软件集成了两个插件可以修改 G-Code，在指定高度停止（Pause at height）和在指定高度进行调整（Tweak at Z 4.0.1）。双击即可选中插件，就可以在下面设置参数并使用该插件。

Pause at height：在指定高度停止。这个插件会让打印过程在某个指定高度停止，即让喷头移动到一个指定的位置，并且回抽一些耗材。Pause height 就是停止高度，Head park X 和 Head park Y 就是喷头停止位置的 X 坐标和 Y 坐标，Dead move Z 就是停止打印后 Z 轴移动的距离，Retraction amount 是回抽量。

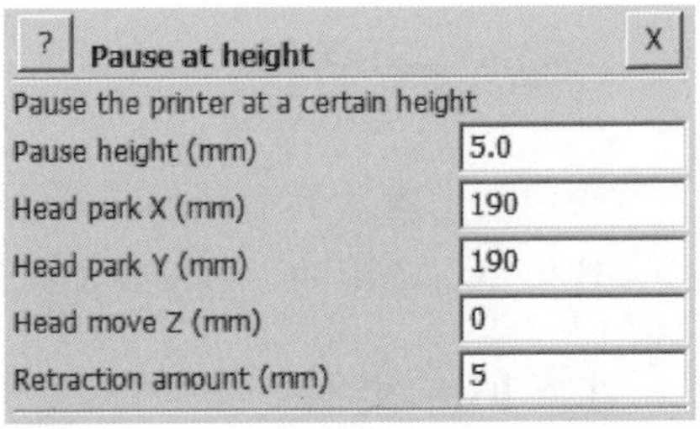

■ 图 7 – 17　在指定高度停止的插件

Tweak At Z：在指定高度调整。这个插件会使打印过程在某个高度调整一些参数：速度、流量倍率、温度及风扇速度。这些插件都会改变 G-Code。默认情况下可以不用管它。

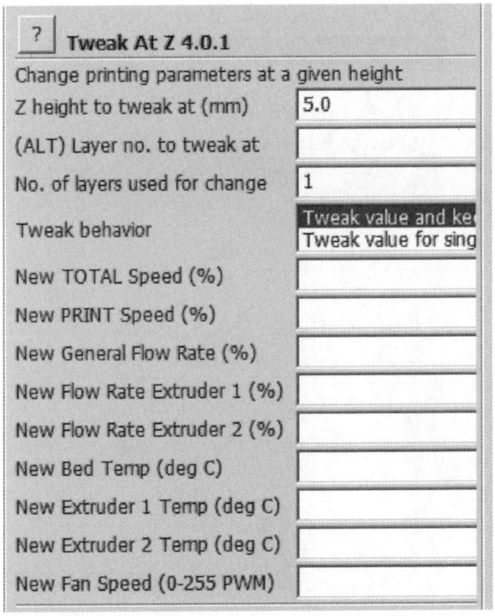

■ 图 7 – 18　在指定高度调整的插件

4. 编辑起始/结束代码

Cura 生成 G-code 会在开头和结尾加上一段固定的 G-Code，即开始 G-Code（Start GCode）和结束 G-Code（End GCode）。如果对 G-M 代码比较熟悉的话，可以很容易读懂这些 G-Code 的意思并且可以进行修改。一般用户无须理会这些代码。

（五）菜单栏

菜单栏中包括五个部件，每个选项里面有很多可以设置的选项内容，但是，这里只将常用的一些选项加以说明。

1. File 文件

Load model file：打开本地文件，要求是 *.STL 格式；

Save model：保存该模型为新的 *.STL 格式文件；

Open Profile：打开配置文档；

Save Profile：保存配置文档；

Load Profile from GCode：从 GCode 文件中获得配置文档。

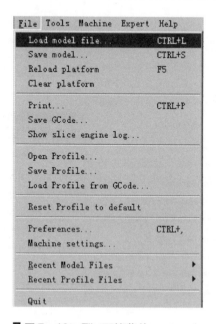

图 7 – 19　Flie 下拉菜单

除了这几项外，其他的选项比较少用到，读者可以不必理会。

2. Tools 工具

Print all at once：同时打印所有模型。当打印文件是几个分立的模型时，选择该选项就会同时打印这些模型，即把这些模型当作一个整体来打印。

Print one at a time：每次只打印一个模型。当打印文件是几个分立的模型时，选择该选项就会一个个地打印这些分立的模型，打印完一个才会去打印下一个。某个模型打印失败不会影响其他模型，但是，这样挤丝喷头极有可能碰到其他已经打印完的模型。不建议使用这种模式。

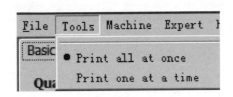

■ 图 7 –20　Tools 下拉菜单

3. Machine 机器

Add new machine：增加一个新的机器类型。

Machine settings：对机器进行设置。当你换了一台机器，就可以通过这个选项来设置新机器的参数。对大部分用户来说，只需要设置机器成型空间的长宽高、挤丝头数量、是否有热床以及成型平台形状即可。

■ 图 7 –21　Machine 下拉菜单

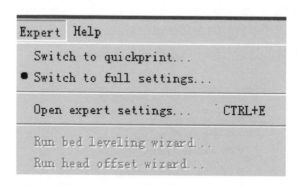

图7-22 设置机器参数

4. Expert 专家

这是为熟练的"高手"用户设置的专项。

Switch to quick print：使用快捷打印方式。选择这个模式之后，如图7-23所示，只需要选择某个快捷打印配置文档、打印材料、是否支撑就可以完成分层。

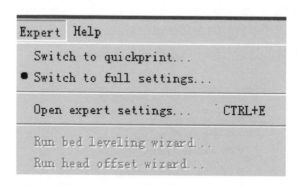

图7-23 Expert 下拉菜单

Switch to full settings：完整模式。选择这个模式出现的界面就是图7-7所示界面。大部分情况下都是选择这种模式。

Open expert settings：专家模式。该模式是在完整模式的基础上增加了一些其他的设置，但大部分的设置还是与完整模式相同的，因此，用户无须使用这种模式。

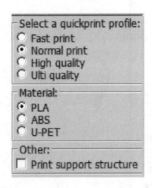

■ 图 7 - 24　简单模式

5．Help 帮助

帮助菜单提供在线帮助、检查更新等服务，用户可以通过该选项进一步了解 Cura。

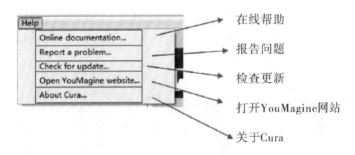

■ 图 7 - 25　Help 下拉菜单

（六）Cura 打印操作

Cura 的打印操作区包括工具区、预览区、视图工具区。

在打印操作区内有七个图标（如图 7 - 26 所示），其中图标④～⑥需要左击选中模型才会出现。

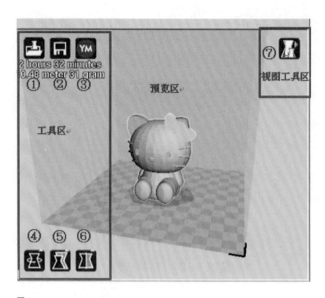

图 7-26 打印操作区

图标①：载入文件。模型载入后，马上就可以在主窗口内看到载入模型的 3D 形象。同时，在窗口的左上角，可以看到一个进度条在前进。进度条达到 100% 的时候，同时保存按钮（图标②）变为可用状态。

图标②：将分好层的文件保存为 .GCode 格式，该格式可以直接输入 3D 打印机打印。在分层完成后，该图标下面会出现打印时间、所需耗材长度和重量三个信息。当有移动设备接入时，将直接将分好层的文件保存至移动设备中。

图标③：连接到 youmagine 网站。

图标④：旋转。点击该图标，模型表面出现 3 个环，颜色分别是红绿蓝，表示 X 轴、Y 轴和 Z 轴。把鼠标放在一个环上，按住拖动即可使模型绕相应的轴旋转一定的角度，需要注意的是 Cura 只允许用户旋转 15 的倍数角度。如果希望返回原始的方位，可以点击旋转菜单的重置（Reset）按钮。而放平（Lay flat）按钮则会自动将模型旋转到底部比较平的方位，但不能保证每次都成功。

图标⑤：缩放。选中模型之后，点击缩放（Scale）按钮，然后会发现模型表面出现 3 个方块，分别表示 X 轴、Y 轴和 Z 轴。点击并拖动一个方块可以将模型缩放一定的倍数。也可以在缩放输入框内输入缩放倍数，即"Scale ＊"右边的方框。也可以在尺寸输入框内输入准确的尺寸数值，即"Size ＊"

右边的方框。

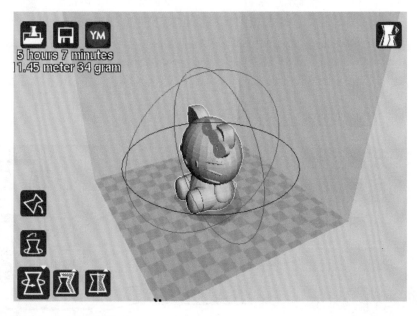

■ 图 7 –27　旋转模型

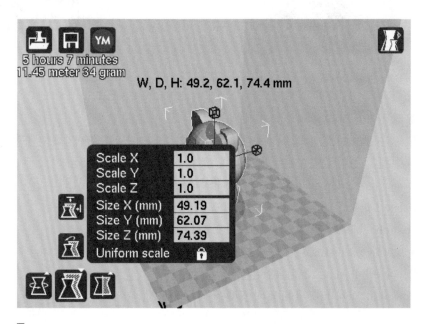

■ 图 7 –28　缩放模型

图标⑥：镜像，选中模型之后，点击镜像（Mirror）按钮，就可以将模型沿 X 轴、Y 轴或 Z 轴镜像。比如左手模型可以通过镜像得到右手模型。

图标⑦：视图工具。点击该图标将会出现五种视图模式，分别为 Normal（普通模式）、Overhang（悬垂模式）、Transparent（透明模式）、X‐Ray（X 透视模式）及 Layers（层模式）。其中使用最多的是普通模式，而在打印之前最好先查看层模式，以确认模型被正确切片。五种视图模式的效果如图 7‐29 所示。

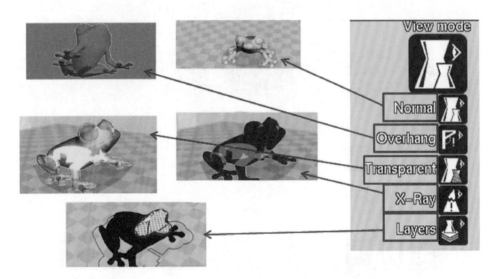

图 7‐29　视图工具效果

除此之外还有鼠标操作方式。

鼠标左键选中模型之后，按住左键拖动就可以在打印平台区域内任意移动选中模型之后，按右键，则弹出右键菜单，如图 7‐30 所示。

Center on platform：将模型放到平台中心；

Delete Object：删除模型。也可以选中模型之后按 Del 键删除；

Multiply object：克隆模型，即将模型复制几份；

Split object to parts：分解模型，将模型分解为很多小部件；

Delete all objects：删除载入的所有模型；

Reload all objects：重新载入模型；

Reset all objects positions：重置所有模型的位置；

Reset all objects transformations：重置之前的修改。

二、slic3r 分层软件的使用

Scli3r 是常用的分层软件，其分层时需选择的参数较多，因此分层速度较慢。但是分层效果较好，运行流畅，不容易卡机。

Scli3r 主界面有四个主选项卡，分别是 Plater 选项、Print settings 选项、Faliment settings 选项及 Printer settings 选项。每个选项里面有很多参数可以设置。选择合适的参数是打印质量的重要前提。下面分别介绍各个参数的意义，※部分需要重点了解。

（一）Plater（图型版面）

将文件拖入软件中，得到如下图界面。

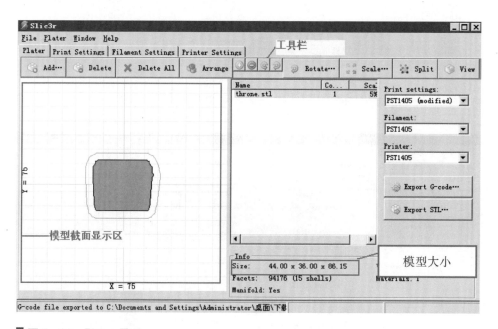

图 7 – 30　Plater 界面

　　工具栏各选项分别为：

　　※ Add　　增加一个模型。

　　※ Delete　　删除选中模型。

　　※ Delete All　　删除所有模型。

※ Arrange　布局（增加该模型、删除该模型，逆时针旋转该模型 45°、顺时针旋转该模型 45°）。

※ Rotate　旋转一个角度。

※ scale　比例，放大或缩小。

※ split　分裂，把一个模型分裂成多个部分组成并允许每个单独安排。

※ View　预览模型立体图。

※ Size　模型大小，根据机器的打印范围确定是否超出范围。

※ 截面显示区可以看到模型的第一层截面。

※ 中间区域显示每个模型的名称、比例等。

※ 最右边区域分别是打印设置（print settings）、细丝设置（filament settings）、打印机（printer）。

※ 及切片模型并生成 G-code（Export G-code）和保存当前设定的模型（Export STL）。

（二）Print Settings（打印设置）

1. Layer and perimeters（层厚和边界）

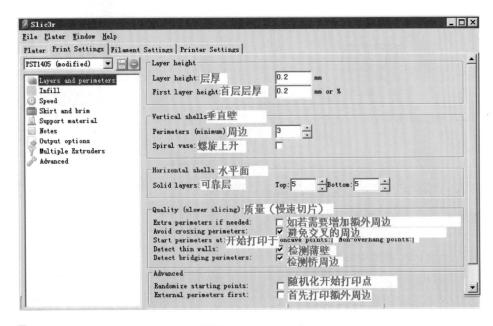

■ 图 7-31　Layer and perimeters 界面

※ Layer height：层厚。这个设置控制层的高度及层的总数。小的层厚更加精确，但是需要更多时间打印。

※ First Layer height：首层层厚。减小首层的层厚可以提供较强的附着力。一般要比其他层稍薄。你可以设置这个值为绝对值或者为百分比。

※ Perimeters（minimum）：最少的外壳层数。

※ Spiral Vase：螺旋式容器（花瓶）。只有一层的垂直外壳，打印薄壁专用。

Herizontal shells：水平面壁厚设定：

※ Solid layers：结实层：实心打印，可以设置顶部和底部实心打印的层数，以保证封顶和封底完整。一般设置为 3 ~ 5 层。

Quality（slower slicing）：高品质切片（慢速切片），包括以下选项：

※ Extra perimeters if needed：如若需要增加额外边界，增加更多边界以避免斜壁上的接缝。

※ Avoid crossing perimeters：避免交叉的边。优化行程移动以减少跨过边界的交叉行程。

这对于抑制挤丝头渗出非常有用。此功能减慢打印和 G-code 的生成。

※Start perimeters at：开始边界打印的位置。可选 Concave points（凹面点）和 Non-overhang points（非悬空点）。

※ Detect thin walls：检测薄壁。检测单宽壁（有些部分不适合两次挤出，我们需要使它们重叠到一条线，即内外边界重合）。

※Detect bridging perimeters：检测桥边界。试验选项，用于调整悬垂的溢出，使用桥速度并启动风扇。

Advanced：高级选项：

※Randomize starting points：随机化开始打印点。在每一层的不同点开始打印，保护同一点的材料。

※ External perimeters first：首先打印外边界。打印轮廓边界从外到内，而不是相反的顺序。

2. Infill（填充）

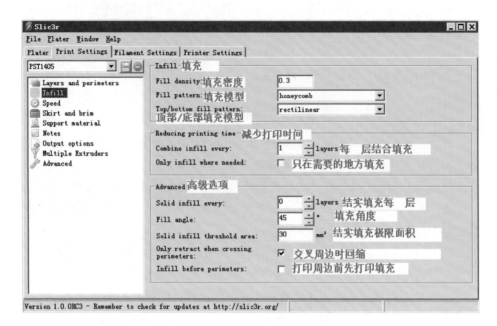

图 7 -32　Infill 界面

※Fill density：填充密度。内部填充密度，0～1（或0～100%）可调。

※ Fill pattern：填充样式。可以选择 rectilinear（直线网格）、line（平行直线）、concentric（同心）、honeycomb（蜂窝）、hilbertcurve（slow）（希尔伯特曲线）、archimedeanchords（slow）（阿基米德和铉）、octagramspiral（slow）（八角星螺旋）等。

※ Top/bottom fill pattern：顶部/底部填充样式。为了表面美观默认平行直线。

Reducing printing times 减少打印时间的选项：

※ Combine infill every：每层结合填充。垂直填充跳过 n 层，产生稀疏。这样可以加快打印速度，缺失几层没有填充是可以接受的。

※ Only infill where needed：只在需要的地方填充。根据模型内部结构并选择支撑内部的天花板结构进行填充（作为内部支撑），用于减少打印时间和材料。

Advanced 高级选项：

※ Solid infill every：结实填充每层：每隔 N 层实心填充一层，0 为不填充。

※ Fill angle：填充角度。设置填充方向的基本角度。填充使用 45 度角，这样可以给填充的模型最好的粘附力，同时可以抵抗来自相邻边界的压力。一些模型可能需要调整角度以确保最优的挤压方向。

※ Solid infill threshold area：结实填充极限面积。为小于特定极限面积的区域执行实心填充。模型里面的小范围区域通常被完全填充以提供结构完整性。

※ Only retract when crossing perimeters：跨越边界时回缩。当移动路径还在边界里面则不回缩。

※ Infill before perimeters：打印边界前先打印填充。不勾选打印效果更好。

3．Speed（速度）

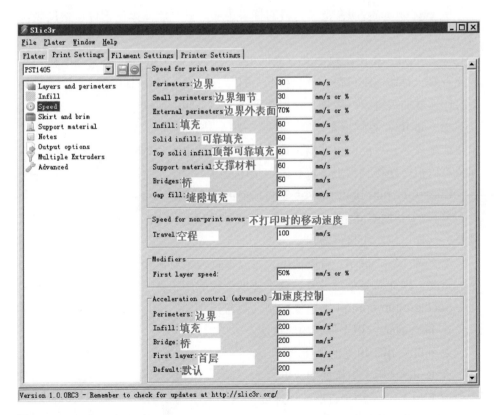

■ 图 7－33 Speed 界面

Speed for print moves 打印时的移动速度：

※ Perimeters：打印外壳的速度，一般要慢一些，保证表面质量。

※ Small perimeters：打印小轮廓时的速度。这个设置会影响半径小于等于6.5mm的边界的速度（通常是洞）。如果希望设置为百分数（例如80%），它将根据上面设置的外壳速度计算出来。

※ External perimeters：打印外壳最外面一层的速度。轻微放缓，可以确保清洁的外表面。根据上面设置的边界速度计算出来。

※ Infill：内部填充的打印速度。在保证填充完整性的情况下尽可能快。

※ Solid infill：实心部分（顶部、底部或者内部水平面）的打印速度。也可以根据上面的填充速度设置百分比。在模型底部或附加的结实部位需要稍微慢速的填充，但是要比边界打印快。

※ Top solid infill：打印顶部实心填充的速度。降低这个速度可以获得一个更好的顶面。也可以根据上面的结实填充速度设置百分比。

※ Support material：支撑材料的打印速度。只要能支撑住物件，速度越快越好。

※ Bridges：指的是两个支点之间的打印，类似于搭桥。这个速度均匀设定比较好，打印速度过快，丝会拉断，打印速度慢，丝会往下掉。实验才是确定打印速度的关键，一般这个速度要低于周边打印的速度。

※ Gap fill：缝隙填充速度。在填一些小缺口的时候采用高速打印会让挤出机产生震荡还可能产生共振，这会对打印机产生不利影响。设置很小的值打印机可以很好地得到保护。填0表示禁用填缝。

Speed for non-print moves 不打印时的移动速度：

※Travel：两点间空程运动速度。在打印机运行的情况下采用越高的速度越好，这样可以防止挤丝溢出。

※ First layer speed：首层速度。可以设置为绝对值和百分比。首层的打印至关重要，因此需要单独设置。这个速度会被应用于首层的打印。

Acceleration control 加速度控制（高级选项）：

※ Perimeters：用于外壳的加速度。

※ Infill：用于填充的加速度。

※ Bridge：用于搭桥的加速度。

※ First layer：用于首层的加速度。

※Default：默认加速度。

4. Skirt and brim（外圈和压边）

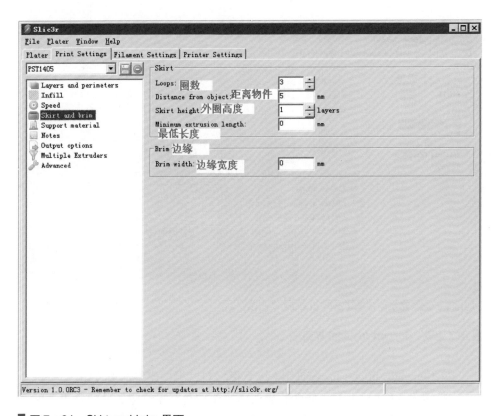

图 7 - 34 Skirt and brim 界面

Skirt 外围设置：

※ Loops：外圈的圈数。0 为不加外圈。

※ Distance from object：模型和外圈之间的距离。设置 0 为物件和外圈粘连，提供更好的粘着力

※ Skirt height：外圈高度。外圈高度要设置为多少层。然而，有些时候也可以用来建立墙。

※ Minimum extrusion length：规定挤出最低长度的外圈。对于多挤丝头机器，这个值会被应用于每个挤丝头。

Brim 边缘设置：

※ Brim width：压边宽度。在每个物体第一层边缘生成的水平宽度。

5. Support material（支撑材料）

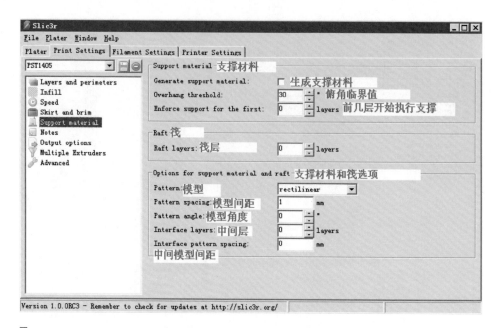

■ 图7-35 Support material 界面

※ Generate support material：生成支撑材料，根据模型的坡度情况选择。

※ Overhang threshold：俯角临界值。当俯仰角高于给定俯仰角临界值时支撑材料不会生成（90°为垂直线）。换句话说，这个值代表最大水平坡度（从水平线测起）。设置为0时将自动检测需要支撑的位置。

※ Enforce support for the first：前几层强制执行支撑：从底层数起的具体层数的支撑，无论是否启动支撑或者使用了任何的角度临界值。这可以为在平台上附着点很小的模型提供更多的附着力。

※ Raft layers：筏层。开始打印物体前先在底下生成多少层的垫子。

※ Patterns：支撑材料的样式。

※ Pattern spacing：样式间距。支撑材料线之间的距离。

※ Pattern angle：样式角度。旋转支撑材料模型。

※ Interface layers：中间层厚。插入物体和支撑材料间的中间层数。

※ Interface pattern spacing：中间样式间距。中间层的支撑材料线之间的距离。设置为0时得到的是结实的中间层。

6. Output options（输出选项）

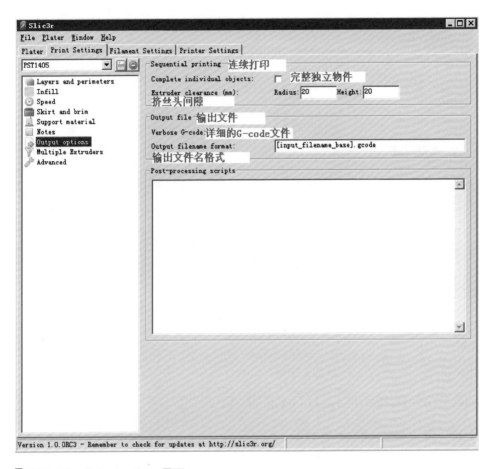

图 7-36 Output options 界面

Sequential printing 连续打印选项：

※ Complete individual：当打印多个模型时，这个选项可以打印完整一个模型之后再去打印下一个模型（从首层开始打印）。这对于减少失败风险十分有效。

※ Extruder clearance（mm）：挤丝头间隙。这个选项是为了避免挤丝头碰撞物件。选择该项可以在 plater 图形版面预览中可以估计到具体碰撞情况。

其他选项无须理会。

7. Multiple Extruders（多个挤丝头）

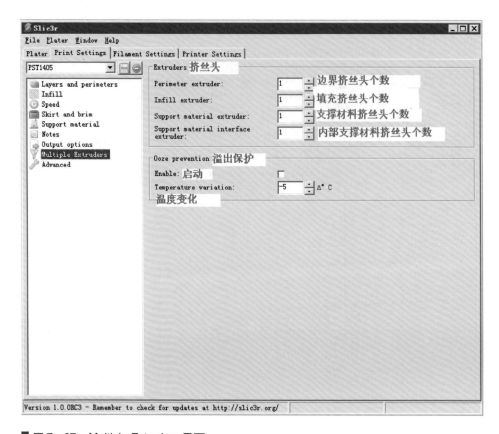

■ 图 7 -37　Multiple Extruders 界面

※ Perimeter extruder：用于外壳打印的挤丝头个数。

※ Infill extruder：用于填充打印的挤丝头个数。

※ Support material extruder：用于支撑打印的挤丝头个数。

※ Support material　interface extruder：用于打印内部支撑的挤丝头个数。

挤丝溢出保护选项：

※ Enable：启动挤出保护。这个选项可以阻止不使用的挤丝头溢出。它可以形成一个高墙，当改变温度时将挤丝头移动到这个位置。

※ Temperature variation：温度变化。当挤丝头不使用时降低温度以减少溢出。

8. Advanced 高级选项

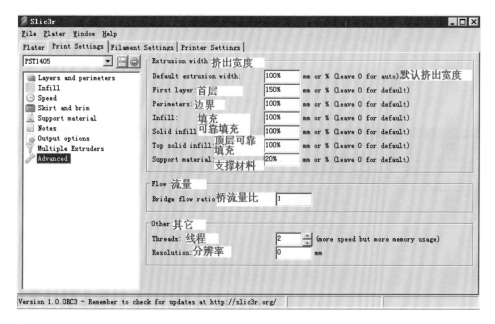

■ 图7-38　Advanced 界面

Extrusion 挤丝宽度选择：

※ Default extrusion width：挤出宽度。如果设置为0，则Slic3r会自动计算一个宽度。如果设置百分数则会转换为层高的倍数。

※ First layer：首层挤出宽度。设置这个可以获得一个更宽的首层以增加附着力。如果设置百分数则会转换为层高的倍数。

※Perimeters：外壳的挤出宽度。更低的值将产生更细的挤出丝并获得更精确的表面。如果设置百分数则会转换为层高的倍数。

※ Infill：填充的挤出宽度。粗的挤出填充可以让打印速度提高，并提供强力的填充。

※ Solid infill：结实填充的挤出宽度。

※ Top solid infill：顶层结实填充的挤出宽度。更薄的挤出丝将提高表面光洁度，并确保角落紧密填充。

※ Support material：支撑材料的挤出宽度。作为支撑填充，采用粗的线宽越有利于打印时间减少。

※ Bridge flow ratio：桥流量比。这个值影响着桥的挤丝量。稍微减少挤丝量，减少下垂可能。

其余选项不必理会。

（三）Filament Settings（细丝设置）

1. Filament（细丝）

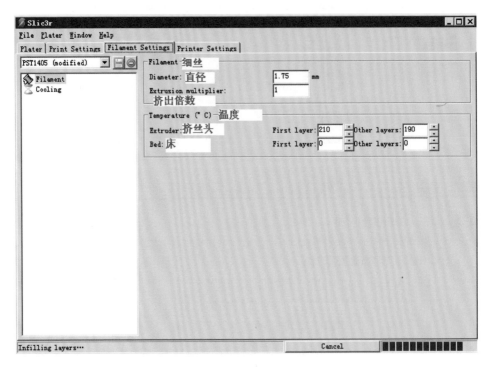

※ Diameter：细丝直径。本机型适用于直径为 1.75mm 的细丝。

※ Extrusion multipliter：挤出倍数。这个数值将成倍的改变流动量，你可以改变这个量获得好的封顶和精确的壁厚。通常这个值在 0.9 到 1.1 之间。

※ Extrusion：挤丝头温度。分别设置第一层和其他层的温度。在打印过程中可以通过操作软件的温度设置按钮改变打印温度。

※ Bed：热床的温度。分别设置第一层和其他层的床的温度。无热床机器无须理会。

2．Cooling（冷却）

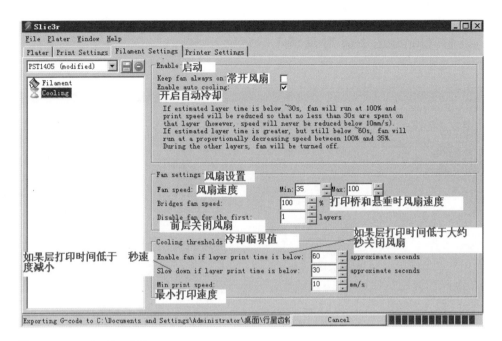

※ Keep fan always on：保持风扇常开状态。勾选该选项，风扇将不会停止，保持最小速度一直运转。对于 PLA 有用，对 ABS 则有害。

※ Enable auto cooling：开启自动冷却。勾选该选项将启动自动冷却逻辑，根据前层打印时间调整打印速度和风扇速度。

※ Fan speed：风扇速度。

※ Bridge fan speed：打印桥（悬垂）时风扇速度：可以稍微加快风扇速度减少下垂。

※ Disable fan for the first：前层关闭风扇。在前面几层关闭风扇有利于提高附着力。

※ Enable fan if layer print time is below：如果层打印时间低于大约秒关闭风扇。如果层打印速度低于这个数字，风扇将关闭。

※ Slow down if layer print time is below：如果层打印时间低于秒速度减小。当层打印时间低于这个值，打印速度将降低使持续时间接近这个值。

※ Min print speed：最小打印速度。不允许打印速度低于这个值。

（四） Printer Settings（打印机设置）

1. General（通用设置）

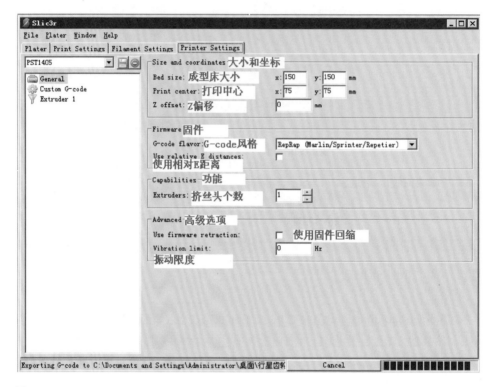

■ 图 7－41　General 界面

※Bed size：成型床大小。根据实际打印床的大小设置。

※ Print center：打印中心。输入你想要定位打印中心的坐标。

※ Z offset：Z 偏移。这个值将会被加入到所有输出 G-code 文件。这是用于补偿不好的 Z 轴停止位置。例如，平台上的停止零点距离喷嘴 0.3mm，设置这个值为 0.3（或者调整停止零点）。

2. Custom G-code（惯例性 G 代码）

一般用户不必理会该选项卡的内容。

3. Extrusion 1（挤丝头 1）

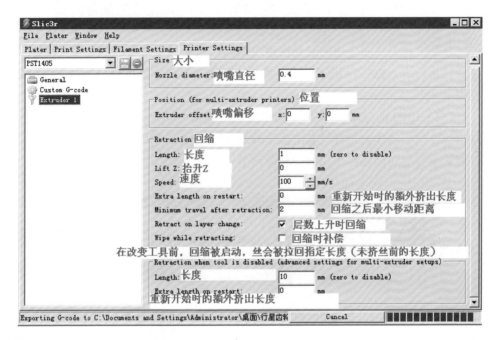

图 7 -42　Extrusion 1 界面

※ Nozzle diameter：喷嘴直径。

※ Extrusion offset：喷嘴偏移：用于准确定位喷嘴坐标。

与熔丝回缩有关选项：

※ Length：回缩长度。当回缩被触发，细丝将被推回一定长度。（这个长度是指未挤出的长度）

※ Lift Z：抬升 Z。当你设置这个值为正数时，每次回缩 Z 都会快速抬升。当使用多喷头，该设置只对第一个喷头有效。

※ Speed：回缩速度。

※Extra length on restart：重新开始时的额外挤出长度。

※ Minimum travel after retraction：回缩之后最小移动距离：当移动距离小于这个值，将不产生回缩。

※ Retract on layer change：层数上升时回缩，即当 Z 抬升时一定回缩。

※ Wipe while retracting：当喷头漏丝时，喷头会补偿这部分丝。

其他选项不必理会。

三、PST-L100 系列 3D 打印机的分层软件

这是一款工业级应用的激光快速成型机。它的系列 3D 机可以用于高分子复合材料粉末，也可以用于玻璃、陶瓷、金属等粉末材料的激光选择性烧结成型。

PST-L100 的分层软件是该激光烧结成型机的专用配套分层软件，由设备制造商广东谱斯达光子科技有限公司开发并提供技术维护及更新服务。该软件同时具备分层和设备操作功能，界面简洁，操作简单。

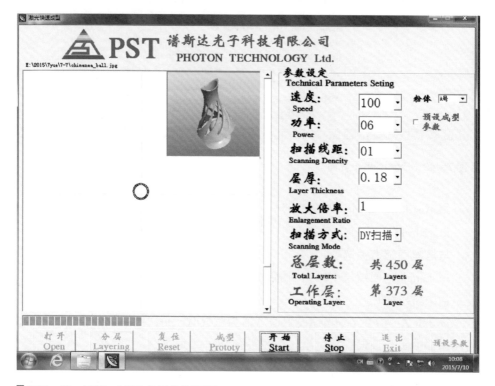

■ 图 7-43　PST-L100 分层软件界面

双击该软件，打开如下界面。点击打开按钮，选择一个格式为 *.STL 的文件，如果想显示模型的图片，则再点击一次打开按钮，选择对应的 *.JPG文件。

在分层之前，可以设置模型分层的厚度（即层厚）及放大倍率。厚度越小，层数越多，打印时间越长，打印难度也越大，但是精度提高。分层过程中，蓝色进度条会显示分层进度，分层完成后会显示总层数，并在打印中显示当前打印层数。

该软件的分层速度快，操作简单，但是想要获得好的打印效果还需要调节其他相关参数。根据模型的大小和结构的复杂性而选择不同的功率和烧结速度。功率和速度的设置需要使用者积累一定的经验。而扫描线距大小所显示的数字是一个相对值，数值越高，扫描线距越大，打印速度越快，打印质量可能会因此下降。但是，扫描线距过小就会增加打印时间，因此，需要根据模型的情况来选择合适的值。

扫描方式有五种可选，代表着五种不同的激光运动路线，可根据需要选择。一般选择 DX 和 DY 模式较为稳妥。以上三种参数都可以在打印过程中修改，并在下一层的打印中使用新的参数来打印。

由于这是一款工业级的粉末材料激光快速成型机，如无特殊需要，不必采用支撑结构来打印，精准度也较高。机器价格相对于普通 FDM 型塑丝 3D 打印机的价格高很多。较适合于工业制造业的研发创新、首版设计等领域应用。本书不作更详细的介绍了。

第八章

打印耗材塑料丝的生产及使用

一、塑料丝的生产知识

采用熔融沉积成型技术（FDM）的 3D 打印机是当前使用最普遍、市售价格最低的，本书重点介绍的一类 3D 增材制造机器。它的耗材是塑料丝。目前使用最多的、价格不高、最符合环保条件的是直径 1.75mm 的 PLA 塑料丝。

在塑丝耗材中还有其他品种和不同直径的产品，诸如：ABS，TPR，TPE 等塑料。直径也可以有 2.0mm、3.0mm、4.0mm。但需要配合相应的挤丝头才能使用。

从不同形态的塑料片、塑料粒、塑料粉制成一定直径的并严格保持长距离直径稳定的塑料丝，需要一套专门的生产设备。

塑料丝基本生产过程使用的设备如图 8-1 所示。这类设备大概包括如下

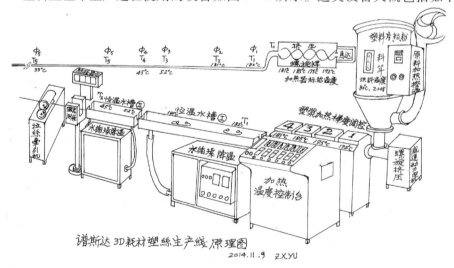

诸斯达 3D 耗材塑丝生产线原理图
2014.11.9 Z.X.YU

■ 图 8-1　塑料丝生产过程原理（作者手绘）

功能部件：干燥机、挤出机、水槽、储丝机构、激光测径仪、牵引机、计数机构、风干燥器、双工位收丝机。

■8-2 耗材生产线

塑丝生产工艺流程如下：

1. 原料混色

将透明的原料按一定的比例加入适量的色粉，进行混色。混色方法有以下两种：

（1）原料 + 一定色粉。

（2）原料 + 一定色母。

色粉价格便宜，成本较低，但是污染较大，搅拌桶和机器设备不易清洁干净，分散性较差。色母是把超常量的色粉均匀载附于树脂之中而制得的聚集体，颜色稳定，分散性好，不污染环境，成本稍高。如果色粉能够满足生产需要，一般来说为了降低成本，使用色粉即可。

2. 烘料

塑胶原材料里都吸附有水分，生产时必须预先烘干，不然产品上有料花等缺陷。通电开机前先将已混好色的原料倒入圆锥形的烘料斗中，一次性倒入的量为50公斤左右；在干燥机上设定烘料温度为80℃，烘料时间为2小时。首先按下风机按钮，再接着按下加热按钮。在倒入原料时下料开关应呈关闭状态。见图8-3。

■ 图8-3 烘料

3. 主机加热

物料烘干后，从下料开关通道进入主机。主机开四段升温区，1～4区逐级升温。在正常情况下，大约需要两小时即可达到1～4区的预设温度（图8-4）。不同熔点的塑料需核定不同的温度梯度。

图8-4 主机加热控制面板及操控分段加温

4. 启动挤出马达挤丝

主机加热达到预设温度后，启动挤出塑料浆的主轴马达。此时单螺杆开始推压送料。浆料挤出的速度要根据激光测径仪（如图8-5所示）上显示的塑丝直径数据，去调节挤出速度和拉丝的牵引速度。在出现上差或下差的情况下，报警器都会自动警报。

图8-5 塑浆挤出口

图 8 - 6　塑料拉丝速度调控及丝径激光监测设备

5．水浴降温

要把熔融状态下的塑料浆按一定的冷却过程制成直径均匀合格的塑料丝，必须经过具有保持设定温度梯度的水浴降温池。因此，各段水浴池要有加热循环的恒温装置，以确保温度梯度稳定。一个典型的例子是：

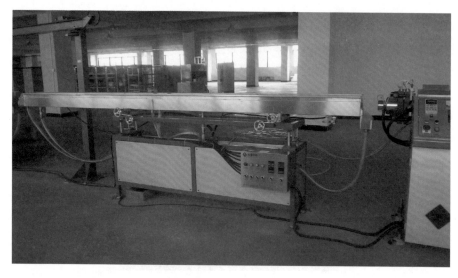

图 8 - 7　水槽恒温水浴槽及控温装置

■ 图 8-8 缓冲储丝装置

设定：第一段水槽恒定的水温约47℃；第二段水槽恒定水温约40℃；第三段水槽为室温，无须加热。经验表明：第一段水槽水位线很重要，需要控制在高出塑料丝5～10 mm。

6. 缓冲储丝、卷丝

■ 图 8-9 双工位卷丝机

为了不影响出丝及牵引速度导致丝径不均匀，必须设置一个缓冲的储丝机构。收卷速度应与缓冲储丝速度相匹配，并将收丝结构调为自动状态。在塑丝离开水浴池之后要通过一个风力干燥器除湿。记数机构的检测器可有效地记录每卷收线的米数。

7. 关机

在确保原料已经完全挤出，没有残留的情况下，才可以断电关机。这样对下一次加热挤丝时便于清理。

塑料挤出机的维护与保养：

（1）日常保养是经常性的例行工作，不占设备运转工时，通常在开机期间完成。重点是清洁机器，润滑各运动件，紧固易松动的螺纹件，及时检查、调整各工作零部件。

（2）挤出机运转时若发生不正常的声响时，应立即停车，进行检查或修理。

（3）注意生产环境清洁，严防金属或其他杂物落入料斗中，以免损坏螺杆和机筒。为防止铁质杂物进入机筒，可在物料进入机筒加料口处装磁吸部件或磁力架，防止杂物落入必须把物料事先过筛。

（4）指定专人负责设备维护保养。并将每次维护修理情况详细记录列入工厂设备管理档案。

二、塑料丝的正确使用

FDM 型 3D 打印机主要使用 ABS 和 PLA 作为耗材，但是 PLA 因其成型质量高，环保无害的特性而更加受欢迎，在市场上占有更大的优势。PLA 是聚乳酸的简称。聚乳酸是以乳酸为主要原料聚合得到的聚合物，原料来源充分而且可以再生，主要以玉米、木薯等为原料。聚乳酸的生产过程无污染，而且产品可以生物降解，实现在自然界中的循环，因此是理想的绿色高分子材料。聚乳酸的热稳定性好，适合 3D 打印的温度为 170～230℃，加热时无毒、无异味。由聚乳酸制成的产品具有良好的光泽度，透明度和手感，因此用途广泛。

PLA 耗材通常使用圆盘绕线，排线整齐是衡量耗材质量的一个重要标准。绕线混乱会导致打印过程中容易出现缠线问题，导致断丝，影响打印进程。因此，在使用时也应保持排线整齐。另一方面，在 PLA 出厂时会放置干燥剂，并用塑料包装袋密封，保证耗材不会吸水老化。因此在取出耗材后应尽快使用，在长时间不使用时应该重新封装起来，否则长期暴露在空气中会使耗材变脆易断，无法连续进丝打印。最后，耗材表面应保持干净，否则耗材进入挤丝喉管时会将灰尘等杂质带入，杂质积累过多，将会导致挤丝喷头堵塞，无法出丝。

在每次更换新丝时都需要手动换丝。为了保证挤丝零件的寿命，在换丝时需要注意以下几点：

（1）选用质量良好的耗材，要求直径均匀，杂质少。直径大于喉管直径的耗材无法进入喉管，并且会将喉管堵塞。杂质多的耗材也会因为杂质无法熔化而导致喷头堵塞。

（2）插入耗材时要先将挤丝喷头加热到打印温度，然后把压丝弹簧松开，将耗材拉直并准确插入喉管，将耗材向下推，直到喷头有融丝推出为止。这种做法是为了防止在换丝时强行将耗材推入喉管，导致挤丝齿轮磨损或喉管堵塞。

（3）将耗材成功推入喉管后，应注意将挤丝弹簧适当压紧，夹住耗材，点击操作软件上的挤丝选项，出丝顺利即可。

三、激光烧结的高分子粉末及金属粉末的应用知识

目前，用于 SLS 技术的粉末材料主要可以分为陶瓷粉末、高分子粉末和金属粉末，研究最为成熟，应用最广泛的是高分子材料，而金属粉末则是最热门的研究方向。自 1989 年第一台商业化快速成型机面世以来，成型材料便不断地发展，从单一粉末到复合粉末，从高分子到金属。其中 DTM 公司和 EOS 公司在材料领域一直占据重要地位。他们在粉末种类、成型强度、精度方面一直代表着行业的领先水平。DTM 公司生产的 Dura Form GF 成型精度高，表面光洁度好。DTM Polycarbonate 为铜－尼龙复合粉末，用于小批量注塑模。Rapid Tool 2.0 收缩率仅为 0.02%，精度十分高，表面光洁度好，几乎不需要后续抛光工作。EOS 公司的 PA3200GF 与 DTM 公司的 Dura Form GF 相类似，具有较高的成型精度和表面光洁度。DSM Somos 推出的 Somos201 是弹性体高分子材料，制件具有高韧性，类似橡胶。

国内研究 SLS 技术的单位愈来愈多。较早期的有华中科技大学、东北大学和北京隆源自动成型有限公司、广东谱斯达光子科技有限公司等。国内在这方面的研究不管在力度还是规模上都和国际存在较大差距，制件的强度、精度、

表面质量等也有待提高。国家大力支持鼓励快速成型技术的发展，这对于快速成型技术的发展将起到极大的促进作用。

高分子材料在 SLS 技术成型中最大的难点在于成型收缩和翘曲变形。它们会严重影响烧结的精度，甚至影响烧结的顺利进行。不同的高分子材料收缩和翘曲的原因和程度不一样，采用的解决方法也不一样。

成型收缩是 SLS 烧结成型中不可避免的现象。由于收缩的存在，会导致在烧结的前几层中制件表面翘起，不能粘紧底盘，铺粉辊很容易就将已成型部分刮走。一般来说，非结晶聚合物的收缩原因有两个：烧结收缩和温度下降导致的收缩。由于材料是不规则粉末状，中间存在空隙，在烧结时，粉体被加热至熔化，空隙不断减小，所以烧结件比原粉体体积小，即产生了收缩。而在温度下降之后，大部分物质都会产生收缩现象，尤其是高分子材料，收缩率都比较大。对于尼龙这类半结晶聚合物，除了以上两种原因产生的收缩外，还有结晶收缩。由于材料中的分子链的结构发生变化而引起的体积收缩就是结晶收缩。这种收缩主要与材料的结晶程度和晶体与非晶体的密度差别有关。材料的结晶程度越高，收缩就越严重。

翘曲变形是由收缩产生的。结晶聚合物的熔体在冷却时所产生的收缩成为收缩应力，若这个应力不能释放，并且大到足以拉动熔体的宏观移动就会产生翘曲。SLS 成型时，结晶聚合物由于完全融化，其熔固收缩、温致收缩都比无定型聚合物大，因此结晶聚合物翘曲倾向更大、更严重。这种应力得不到及时释放的主要原因是烧结过程中的严重不均匀收缩。不均匀收缩的主要原因是不均匀加热。这是因为 SLS 成型时分层制造，在烧结某一层时，上表面直接被激光照射加热，激光在入射粉末时被逐渐削弱，下表面主要是通过尼龙传热被加热的。因此，每一层沿高度方向上都是受热不均的。而在散热时，上表面直接接触空气，能快速散热，温降收缩大，下表面被覆盖，散热慢，收缩小，层间产生收缩应力。在收缩应力作用下，上部受收缩应力趋于紧密，下部受拉伸作用力趋于扩大，成型面出现中间凹、边界凸的现象。

在金属打印方面，能真正实现全金属打印的制造商不多。金属本身的高熔点及熔化特性导致了金属打印的高难度。首先，必须使用大功率激光器才能提供足够的热量将金属粉末熔化。高温引起的热变形会导致 3D 打印金属部件的几何形貌偏离预期的设计。其次，金属的高温成型环境需要配合耐高温器件的配合，常用的器件在如此高温下都无法使用。最后，一层打印后金属还处于高温状态，也难以实现铺粉工序。

第九章

一次完美的打印体验及机器的维护

经过前面几章的学习，读者对两种 3D 打印机的使用都有了一定的了解。本章将展现一个模型从无到有的打印过程，使读者对 3D 打印有一个整体的认识。

一、FDM 型 3D 打印机的打印过程

本节以 PST – ZA 型熔丝 3D 打印机为例加以解说：

（1）首先使用 PROE 软件画出想要打印的模型，保存为 .stl 格式。或者可通过模型网站直接下载 .stl 格式的模型文件。

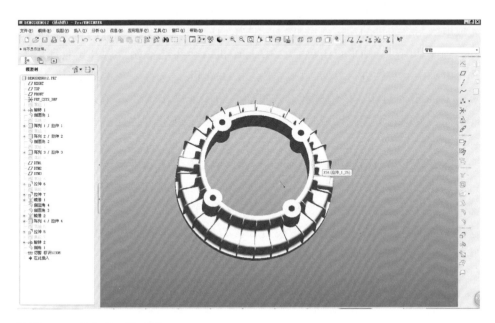

■ 图 9 – 1　使用 Pro/E 建模

（2）把 .stl 格式的文件输入分层软件 Cura 中，设置分层参数，输出 .gcode 格式的文件。

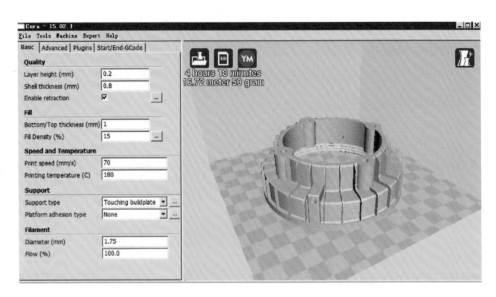

（3）打开操作软件 Pronterface，选择 3D 打印机使用的端口，点击 connect 完成电脑与打印机的连接。点击 SD，选择 SD 卡中的预先存储好的若干图形文件，选择其中目标图形点击确定，3D 打印机就会在准备就绪后开始打印。若选择电脑中的文件进行打印，则应该点击 Load file，选择一个本地文件，然后点击 Print 开始打印。使用这种方式打印必须保证操作软件不能关闭，电脑不能关闭，数据线不能松动或者拔下，否则打印将被中止。因此，一般不推荐这种方式打印。

在安装了显示屏的机器上，可不使用电脑操作，直接在显示屏上操作。通过扭动显示屏旁边的黑色旋钮上下滚动菜单，按下该旋钮则是确认。因此在机器通电后，按下旋钮进入主菜单，选择由存储卡选项，读取 SD 卡中的文件，这些文件都是预先在分层软件中设置好参数，形成了 *.g-code 格式的。选择其中一个文件即可开始打印。

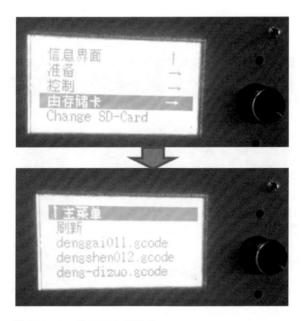

图9-3 使用显示屏操作

（4）打印开始时，在第一层需要特别注意，保证第一层成功打印后就无需看守，机器将会自动逐层进行下去，直至完成全部打印后自动停止。

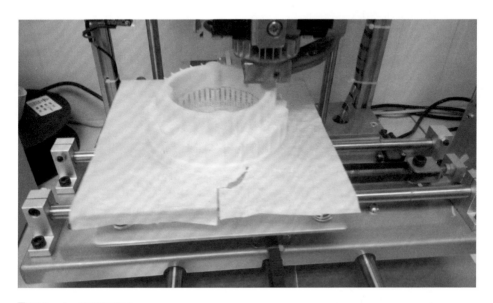

图9-4 模型打印中

（5）取下模型后，去除支撑结构，小心打磨表面，此次打印即告完成。

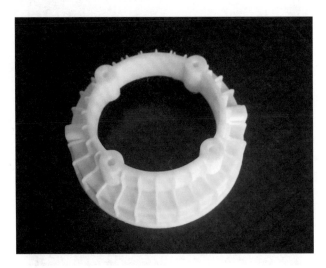

■ 图9-5　模型打印完成

在打印过程中，用户的不慎操作可能会导致一些问题的出现。了解这些问题的解决办法对用户十分有用。

问题一：打印模型过程中突然中断

产生问题的原因：

（1）电源中断

解决办法：检查电源接口，是否松动，电源插头是否插紧。

（2）USB 接口松开或未插好

解决办法：检查 USB 接口，拔出重新插入。

（3）电脑中软件关闭或程序收到干扰崩溃

解决办法：若程序没有关闭，则点击"disconnect"断开连接，再点击"connect"连接，重新开始打印。

使用 USB 连接进行打印容易受到外界干扰，建议换成 SD 卡脱机打印，正常打印开始后，点击"disconnect"断开连接，拔出 USB 线。

（4）图形分层并未完成

解决办法：使用其他机器打印该模型或同一台机打印其他图形，就可验证是否因为模型分层未完成导致的中断。重新分层即可解决。

问题二：挤丝头不出丝

首先要马上暂停打印，升高挤丝头，然后采取以下办法检查问题原因。

（1）点击"check temp"检查温度是否达到熔丝温度；

（2）用手摸住挤丝头的电机，感受点击"Extrude"挤丝时电机是否转动，电机不能转动请联系厂家维修。

（3）如果是新换的丝，并且每次挤丝时都有"咔哒"的声音，用手摸丝感觉到丝被吸进去一段后又被弹出，则可能丝没有准确插进挤丝头的喉管。退丝并拔出，将丝头削尖并掰直，重新插入。准确插入时，丝可以一直插入6cm左右，继续插入时，可看见挤丝头熔丝出来。

（4）如果是打印过程突然不出丝，打印头有"咔哒"的声音，用手摸丝感受到丝被吸进去一段后又被弹出，则可能是挤丝头堵住了。此时可以升高温度（比熔丝高20℃左右），用手出力将丝插入，堵丝可能会被挤出，继续用手把丝推入，直到出丝顺畅。如果用手加力也无法推入，请把丝拔出，用一根与丝直径相当的钢针用力插入（插入前将挤丝螺丝松开，防止钢针破坏齿轮），将堵丝挤出。如果该方法仍不能解决，可将挤丝头拆下来，取出散热器，使用大功率电热吹风机加热喉管，同时用钢针插入喉管中，将堵丝挤出。该法需注意安全，并在再次安装挤丝头后重新调节平台高度。如上述方法不能解决，请联系厂家维修。

（5）在必要时可将挤丝头的风扇拆下来，观察内部情况，可快速发现问题并解决。

问题三：打印过程模型脱离底盘

（1）原点设置过高，导致首层没有粘牢，需重新调节挤丝头与底板的距离。

（2）打印速度太快，导致模型震动脱落，因此分层时要降低打印速度。

二、SLS型3D打印机的打印过程

本节以工业级的PST－L100型激光快速成型机为例加以解说：

（1）按照规定顺序打开机器总开关、电脑开关、扫描开关。

（2）打开电脑上的机器控制程序——"激光快速成型"。

（3）点击打开按钮，选择.stl格式的文件；再次点击打开按钮，选择.jpg文件，此时工作窗口右上方出现要打印模型的图片。

（4）设置层厚和放大倍率，点击分层按钮，软件开始对所选的打印模型进行分层。几分钟后分层即告完成，出现模型总层数。

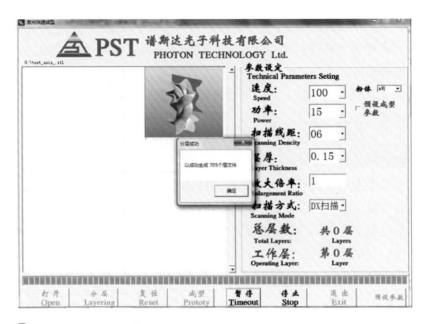

图9-6 PST-L100 分层过程

（5）工作窗口上出现第一层的平面图（如果没有出现平面图，请从第二层开始打印）设置功率、扫描线距、扫描方式等参数。

图9-7 准备成型

（6）打开激光开关，等待加热约 30 秒，让激光稳定后，点击成型按钮，开始选择性烧结作业。

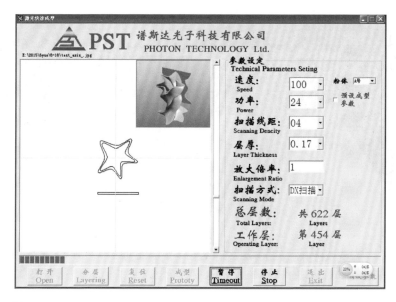

■ 图 9-8　软件显示的成型过程

（7）前面几层需要留意打印是否顺利，因为前几层会因为模型与平台粘不牢而被铺粉辊刮到，可能导致模型打印失败。但是，前几层打印成功后就无须看守，3D 打印机将自动进行逐层铺粉并激光烧结，直至模型打印完毕，机器将会自动停止。

■ 图 9-9　打印模型中

（8）模型打印完成后，按下机器背后的复位键，平台将缓慢上升回到起始位置，此时可把多余的粉末扫走，显露出整个打印好的三维实体模型。

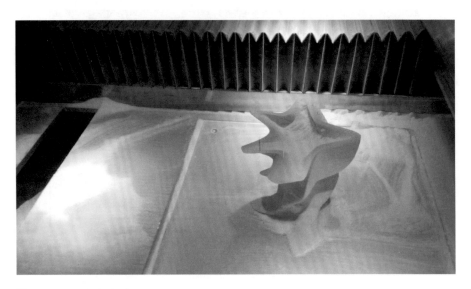

■ 图9 – 10　打印完成

（9）使用小铲把模型脱盘取出。取出时要非常小心，小铲尽量放平，用锤子将小铲慢慢打入模型与平台之间，直到模型与平台完全分离。

■ 图9 – 11　模型脱盘

（10）模型取出后若还有较多粉末附着在表面，可用毛刷子清理，并拿到高压气枪室吹走粉末，最终得到模型成品。

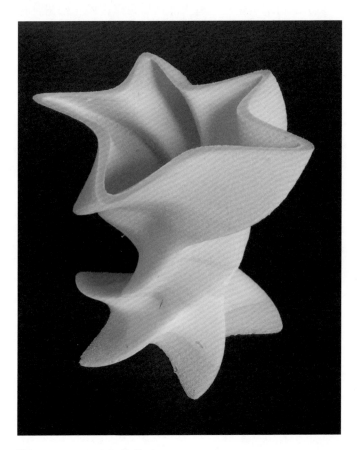

■图9-12　打印好的模型

使用激光快速成型机需要注意安全，必须按照操作规范使用机器。如果出现故障也需要根据以下办法解决：

（1）激光未按照指定路径出光。

此时应该立即将激光关闭，重启控制软件，重新开始打印。若故障未解除，应将整台机器重启。

（2）复位键按下后，机器复位受阻，不能回到起始点。

此时是由于较多粉末落入平台下方，阻碍了平台上升。这次需要使用特定的吸尘器将这些粉末吸出。

（3）铺粉辊刮到模型导致铺粉辊运动受阻。

此时要马上关闭激光，再关闭扫描系统。切不可先关闭扫描，否则激光聚焦到同一点，会引起粉末焦化甚至着火。然后再点击停止按钮，将铺粉辊推回原位，清除被刮起的模型。在机器背后的控制板上控制铺粉辊来回扑粉，铺粉成功后，重新打开扫描和激光，选择出现故障的那层开始继续成型。

第十章

3D 打印的广阔未来

3D 打印技术经过这些年的发展，技术上已基本上形成了一套体系，同样，可应用的行业也逐渐扩大，从产品设计到模具设计与制造、材料工程、生物医学、文化艺术、建筑工程等都逐渐普及应用。未来，3D 打印将是无所不能的，也会无所不在。

我们想象一下未来的生活会是怎么样的呢？

未来 3D 打印的房屋将随处可见，这种房屋使用的是环保可回收的材料来建造，使用 3D 打印机来取代建筑工人的繁重劳动，建造速度大大提高，成本大幅度降低，解决了房屋紧缺的问题。同时这种房屋是十分坚固的，防震级别高，给人们提供安全舒适的居住环境。随着城市的高速发展，为了配合城市规划，一般的房屋使用十几年便被拆除，从而产生大量的建筑垃圾。使用 3D 打印技术，可回收的建筑材料解决了这个难题。房屋内的物品同样可以 3D 打印出来，只要你想要，所有的物品都可以为你量身定制，无须再去忍受统一规格的产品带来的不适。例如最符合个人人体工学的椅子，最合适顺手的厨房家电，又或者完全服帖耳蜗的耳机。只要你想到的都能被制造出来。

现在高级定制的衣服只有少部分人才能享受到，但是未来，每个人的衣服都可以是定制的。3D 打印的服饰完全根据个人尺寸量身定制，在家里设计，在家里制造，每个人都是设计师。以前，大家对于 3D 打印的服饰的印象是像盔甲一样，既不舒适，也不美观。但是，现在已经出现了柔软舒适的 3D 打印服饰，未来 3D 打印服饰的面料也可以像现在的一样，唯一不同的只是它的制造方式。也许未来，服饰销售模式会变成这样：服装制造厂家不再存在，而是转变成了服装设计厂家，他们把设计好的服装发给没有时间自己设计服饰的人，让他们根据自己的喜好或者尺寸修改，然后直接在家里制造出来。

现在的人们越来越没有时间料理自己的早午晚餐，慢慢把厨房变成了摆设，懂得下厨的人也慢慢减少。那要怎样提高人们的饮食水平呢？食物 3D 打印机就是在这种情况下产生的。食物 3D 打印机可以制备出各种不同材料不同口味的食物，造型精美，营养搭配合理，你需要做的只是把材料放进去。现在在欧洲的一些老人院已经开始尝试使用这种机器为老人制备食物，解决老人吞咽困难，营养不良的问题。

现在出现了不少 3D 打印汽车，这种汽车的大部分部件都是 3D 打印出来的，但是也还有一些部件必须使用传统方式制造，例如发动机等。但是，未来整台汽车都可以被打印出来，而且性能不低于现在的汽车。3D 打印汽车最大的优势在于它把汽车成千上万个零部件一次打印出来，提供了更加快速、稳妥的制造方式，降低了汽车的成本，提高汽车的安全性能。

我们看到 3D 打印可以为衣食住行提供解决方案，改变了未来的生产生活模式。此外，3D 打印能做的事情还有许多。例如，3D 打印在医学上的应用。目前 3D 打印在医学上的应用已经屡见不鲜了。现在很多医院使用 3D 打印把患者病灶部位的模型打印出来，为患者研究最合理有效的手术治疗方案，减少手术过程中的未知风险。又或者根据不同人的体貌打印出最合适的假肢或者夹板，解决了患者安装不合适的假肢或夹板带来的痛苦。再进一步，可以使用 3D 打印的替代物植入人体，取代原来坏死的骨头等。而未来 3D 打印还可以做到 3D 器官移植。使用本人的干细胞打印的器官将解决移植器官排异问题，大大提高手术治愈率。

可以预想到未来的生活跟 3D 打印息息相关，它无所不能，无所不在。虽然现在还没有做到，但是我们看到了它的无限潜能。为了实现这种未来的设想，我们看到现在各个国家都在大力推动 3D 打印的发展。在国家政策的推动下，企业加大对 3D 打印的研发力度，加强人才培养，加大市场推广力度，从而使得 3D 打印技术一直在前进，一直在突破。而企业的这些努力使市场真正了解了 3D 打印，扩大 3D 打印的应用领域，同时也吸引了更多人才进入这个充满希望的行业。而市场的需求反过来推动企业的发展。如此良性循环，3D 打印才会加速发展。

后　记

　　作者是一名在大学长期从事基础研究和科技教育的退休人员，基于对 3D 增材制造技术广阔应用前景的认识，并在十多年的研发实践中积累了较多的经验，在政府科技部门和热心朋友的支持下，于 2005—2011 年间断断续续组织起小范围志同道合的技术人员，开展光、机、电、算、材综合应用的研究。为青年技术人员开讲座，做实验，选择各种激光、电子、计算机、机械、光通信等与工业有关的应用问题，进行讨论和动手研发。

　　国际科技产业界有个共识：光子产业涉及科技、国防、民生，影响面甚广，近 30 年来受到全球的重视，竞相发展抢占技术制高点。

　　光子产业的两大支柱：

　　光信息产业（光通信、光存储、光显示……）；

　　光能量产业（光标刻、光切割、光熔接、光医疗、3D 增材制造……）。

　　激光 3D 增材制造是光能量产业的一个重要分支。要一次性用 3D 成型技术制作实用的功能器件，除了使用高强度工程塑料之外，主要是金属、陶瓷、玻璃等材料。而这些材料都必须借助高功率密度的激光束作为选择性熔接能源。目前能够产生高功率密度、细束斑点、大气条件下操作的能源，唯一可用的是激光。其他能源（诸如电子束、等离子束、氢氧焰……）都不能满足 3D 使用的要求。因此，激光快速成型 3D 增材制造将是未来发展的一个极其有用的方向。我们通过对 PST－L100 型激光快速成型机的描述，使得 3D 技术爱好者更多地关注这种可以直接制作实用功能件的增材制造技术路线，将来更多地参与这一技术领域的探索与应用。

　　通过 X 光 CT 扫描获得的患者病灶形状，采用允许植入人体的金属材料或高分子复合材料（通过 FDA、CFDA 及 MDA 认证），以激光增材制造的 3D 打印技术制成病灶特型的骨骼，对骨科、矫形外科是一种十分有用的工具。希望有关医疗机构能尽早应用。

　　3D 增材制造，尤其是用钛合金粉末制造各种轻盈高强度的功能器件 3D 打印，是国防尖端技术应用极广的领域，甚至关系到国力竞争，年轻的学人应更好地关注并投入这个制造业前沿方向的研究与应用。

在编写这本教材的过程中，几乎天天都看到网络和报刊不断报道 3D 技术研究和应用取得的进展，可以用"时新日异"来描述而一点没有夸大。因此，这本"教程"的内容很快就要更新了。但是科技发展总是循序渐进的，它所讲述的基本技术原理可作为今后提高的一个坚实基础。

作者很感谢广东乐美达集团董事长何云峰先生，他热心科技创新，慧眼识 3D，独资成立广东谱斯达光子科技有限公司，没有他的支持，我们的 3D 技术研发成果难以规模地产业化。另外，在此要感谢追随我多年的技术助手杨特飞工程师，本书描述的许多 3D 增材制造的设备都是他在我设计的光、机、电、算、材基础上协助制作完成的；成春谕技术员在 3D 立体模型的绘图和样板制作上花费了很多功夫并卓有成效；我的学生闭彬娟助理工程师协助搜集网上相关信息并在资料整理上做了大量工作；本书在描述 3D 制造领域出现的"时新日异"消息时，引用了网络上的一些照片文字，在此，特向相关的报刊和作者致谢；梁美玲电脑高级工程师对设备软件和管理进行了经常性讨论并提出了许多富有建设性的意见。作者在此表示衷心感谢！

中山大学出版社满腔热忱地响应国务院三部委联合发出的《国家增材制造产业发展推进计划（2015—2016 年)》，在徐劲社长的领导下，钟永源副编审多次加班反复审校和精心编辑，并在图文版面做了许多富有创意的建议，使得《3D 打印技术培训教程》能尽早与读者见面，他们的敬业精神令我十分敬佩和感激。